富水边坡注浆帷幕
破裂机理及稳定性研究

王志国　著

北　京
冶金工业出版社
2016

内 容 提 要

本书以司家营研山铁矿复杂条件边坡帷幕注浆为工程背景,基于声发射三维定位技术研究了帷幕体试件在不同应力条件下裂隙的空间分布与演化特征;采用分形几何理论分析了裂隙空间分维演化特征,揭示了帷幕体破裂演化非线性机理;采用数值模拟方法研究了地应力与渗流应力耦合作用下的帷幕及边坡稳定性,提出了边坡安全与帷幕注浆参数;开展了帷幕注浆堵水技术研究并分析了现场实施效果。

本书适合从事金属矿露天开采及帷幕注浆研究的科研人员、工程技术人员使用,也可供高等院校有关师生参考。

图书在版编目(CIP)数据

富水边坡注浆帷幕破裂机理及稳定性研究/王志国著. —
北京:冶金工业出版社,2016.8
ISBN 978-7-5024-7316-7

Ⅰ.①富… Ⅱ.①王… Ⅲ.①矿山注浆堵水—防渗帷幕—
边坡稳定性—研究 Ⅳ.①TD745

中国版本图书馆 CIP 数据核字(2016)第 194385 号

出 版 人 谭学余
地 址 北京市东城区嵩祝院北巷 39 号 邮编 100009 电话 (010)64027926
网 址 www.cnmip.com.cn 电子信箱 yjcbs@cnmip.com.cn
责任编辑 杨秋奎 美术编辑 杨 帆 版式设计 杨 帆
责任校对 李 娜 责任印制 牛晓波
ISBN 978-7-5024-7316-7
冶金工业出版社出版发行;各地新华书店经销;三河市双峰印刷装订有限公司印刷
2016 年 8 月第 1 版,2016 年 8 月第 1 次印刷
169mm×239mm;11 印张;212 千字;166 页
45.00 元
冶金工业出版社 投稿电话 (010)64027932 投稿信箱 tougao@cnmip.com.cn
冶金工业出版社营销中心 电话 (010)64044283 传真 (010)64027893
冶金书店 地址 北京市东四西大街46号(100010) 电话 (010)65289081(兼传真)
冶金工业出版社天猫旗舰店 yjgycbs.tmall.com
(本书如有印装质量问题,本社营销中心负责退换)

前　言

　　司家营研山铁矿为鞍山式沉积变质铁矿床，是一座采矿规模为1500万吨的大型露天开采矿山。该矿是典型的大水矿山，二期露天采场东帮紧邻纵贯矿区东部边缘的新河；矿区东部第四系冲积层厚度大、高富水，其中冲洪积砂、砂砾卵石层和孔隙潜水含水层的富水性、透水性极强，且第四系土层具有特殊的物理力学性质。露天采场开挖后，新河水可通过长约692m的第四纪全新统强透水层通道向采场大量涌水。

　　为实现矿山安全生产和保护矿区地下水资源，选用帷幕注浆的方式进行地下水治理。目前已完成帷幕工程，其效果仍需评价。随着采深增加，矿区中部裂隙-岩溶富水层的不断揭露，边坡涌水量不断增加，边坡岩体强度降低，潜在滑坡危险增加。帷幕体在露天开采过程中稳定是边坡稳定与安全生产的前提，但目前对于开采荷载作用下导致帷幕体破裂规律的研究尚不够深入，因此开展帷幕体破裂规律、帷幕与边坡稳定及注浆堵水效果研究非常必要。针对该矿注浆帷幕存在的问题，华北理工大学等单位进行了注浆帷幕边坡治理方案横向课题合作研究；同期华北理工大学立项开展了有关帷幕体破裂机理的唐山市科技计划项目研究。

　　本书以司家营研山铁矿复杂条件边坡帷幕注浆为工程背景，采用室内试验、数值模拟、理论分析与现场测试相结合的方法开展了帷幕体破裂机理研究。基于声发射三维定位技术研究了帷幕体试件在不同应力条件下裂隙的空间分布与演化特征；采用分形几何理论分析了裂隙空间分维演化特征，揭示了帷幕体破裂演化非线性机理；采用数值模拟方法研究了地应力与渗流应力耦合作用下的帷幕及边坡稳定性，提出了边坡安全与帷幕注浆参数；开展了帷幕注浆堵水技术研究并分析了现场实施效果。

　　本书是著者在系统总结有关研究成果的基础上参考有关资料编撰而成的。在编写过程中，得到了河北省自然科学基金（E2015209260）和华北理工大学等多方的大力支持，在现场调研和测试等方面得到研山铁矿的大力支持和帮助，项目课题组成员和研究生刘琳、宁连广、冯海明、王梅、李跃龙等参与了部分室内试验、现场测试及部分文字整理工作，在此一并表示衷心感谢！

　　由于著者水平所限，书中不妥之处，恳切希望读者批评指正。

王志国

2016 年 5 月于唐山

目　　录

1 绪 论

1.1 课题研究意义

司家营研山铁矿地处河北滦县，为鞍山式沉积变质铁矿床，属于司家营铁矿矿体北矿区，开采方式为露天；年设计露天采矿规模为1500万吨，服务年限30年以上，最终将形成高600m的露天边坡。研山铁矿东边坡东侧最大地表水体——新河纵贯本区东部边缘，露天采场开挖过后，新河水通过长约692m的第四纪全新统强透水层通道向采场大量涌水。新河以东约500m为滦河。为此，研山铁矿对该区进行了帷幕注浆，目前已完成帷幕工程，但效果还需评价；并且该区随采深增加及中部裂隙-岩溶富水层的揭露，边坡涌水量增加，边坡岩体强度减弱，潜在滑坡危险增加。

虽然已形成矿山注浆堵水帷幕，但随着开采深度和开采范围的增加，采掘活动将越来越靠近堵水帷幕。帷幕附近的开采活动必然引起帷幕及附近区域岩体的应力状态变化，从而影响帷幕的稳定性；随着开采深度的增加，帷幕内外也将产生较大水力压差，水力压差越高，帷幕受到的水的渗透作用越大，帷幕的稳定性也就越差；由于帷幕注浆区域附近区域水文地质条件比较复杂，注浆帷幕形成后要经受长时间地下水渗透和侵蚀，注浆帷幕是隐蔽性工程，受施工工艺的限制，堵水帷幕各处并不均匀，存在薄弱位置和相对不稳定区域；同时，由于帷幕嵌入基岩的岩体存在裂隙，会出现绕流问题，加重基岩渗水。因此，开展注浆帷幕及边坡稳定性的研究和实践，对于保证矿山的安全生产具有重要意义。

在正常生产条件下，如果帷幕的稳定性发生变化，必然是应力场变化所诱发的帷幕内部岩体微破裂萌生、发展、贯通等致使岩体失稳的结果。因此，在帷幕发生失稳破坏前，帷幕内部必然有微破裂前兆，而诱发微破裂活动的直接原因则是由开采活动及水力梯度变化引起的帷幕岩体内部应力场的变化。研究帷幕体在各种应力条件下的破裂机理，对于认识帷幕体失稳机理及进一步开展边坡稳定性分析具有重要理论意义。

研山铁矿采至深部后，东边坡将受到帷幕静水压力和下部裂隙-岩溶动水压力组合作用，高陡边坡稳定性成为安全高效开采的首要问题。

基于上述认识，本书以研山铁矿注浆帷幕为工程对象，对注浆区域现场采样，研究注浆体岩石的力学性质、透水性、声发射性质等，进行帷幕体破裂机理研究，建立矿山地质及力学模型，分析帷幕注浆区域的应力场分布情况，开展帷幕及东边坡稳定性研究，以保障研山铁矿安全高效开采顺利实施。

1.2 国内外研究现状

1.2.1 帷幕注浆技术研究现状

注浆堵水帷幕指的是在矿井水源方向或含水层，通过排孔注浆，浆材在孔中裂隙互相渗透，形成帷幕隔水墙，从而阻断水源的一种工程治水堵水方法。注浆技术在我国岩土工程领域的应用始于 20 世纪 50 年代末期，经过几十年的实践发展，矿区帷幕注浆堵水技术已经得到全面运用。我国已有近 50 多个矿山推广应用了帷幕注浆堵水加固技术，积累了丰富的经验，形成了一整套成熟、实用的矿山防治水技术方法[1,2]。

1.2.1.1 帷幕注浆堵水技术应用的研究

该研究主要从工艺、材料等方面保证注浆效果，提高注浆质量，形成稳定的帷幕。从全国近 50 条矿区帷幕注浆工程看，其堵水率大多不高于 70%[3]。随着注浆理论与试验的研究及注浆堵水帷幕技术的不断发展，帷幕的稳定性有了显著的提高。近些年，矿山帷幕注浆堵水加固技术已由地面帷幕发展到井下帷幕，并逐渐发展成熟[4]。济南张马屯铁矿采用以"帷幕注浆堵水为主，结合矿坑同水平完全疏干"综合治理技术方法实施帷幕注浆工程[5]。水口山铅锌矿鸭公塘矿区大型帷幕注浆治水工程采用"地面-井下联合注浆帷幕治水方案"[6]。中关铁矿基于水文地质条件复杂，其石灰岩顶板具有厚度大、透水性强、与区域地下水连通性好等特点，确定了地表帷幕注浆堵水、井下疏干排水的"以堵为主、疏堵结合"的全封闭帷幕单排注浆防治水方案[7,8]。刘家沟水库帷幕灌浆试验采用"孔口封闭灌浆法"施工工艺流程[9]。大红山矿帷幕注浆防治水技术的帷幕平面布置成半封闭式，并采用孔口封闭、全孔循环、自上而下分段的注浆方法[10]。凡口铅锌矿帷幕注浆属于小裂隙强动水注浆，采取了隔阻浆液效果好、可泵性强的廉价材料，如谷壳、稻草等，掺杂在浆液中进行灌注，达到了降低水运载能力目的，并在水力梯度特别大的孔段调整浆液中水玻璃的含量，促使浆液更快地凝固[11]。

近年来，有关注浆加固技术和方法的研究不断深入。如控制裂隙方向注浆法可在地基裂隙中人为地切割裂缝，灌入浆液[12]。吴秀美[13]通过试验研究了改性黏土浆的塑性强度及影响因素、比重与黏度、稳定性等性能，结果表明改性黏土浆液的沉降稳定性比水泥浆好，注浆堵水帷幕稳定。王军[1]、祝世平等[14]论述了利用无线电作孔间 CT 透视探测导水构造及监测注浆效果，寻找帷幕薄弱环节，进行有针对性的布孔和补注浆，评价帷幕的堵水效果。孟广勤[15]研究了井下矿体顶板灰岩注浆参数，特别是注浆扩散半径的确定及布孔和注浆方式。

1.2.1.2 注浆试验研究

由于岩土体地质环境的复杂性、注浆工程的隐蔽性，开展现场试验极为困难，室内试验成为注浆理论研究的重要途径。根据注浆岩体特征，注浆试验研究可分为裂隙岩体注浆试验、破碎岩体注浆试验和松散介质试验研究。

（1）裂隙岩体注浆试验。程盼等[16]进行了冲积层注浆加固试验，揭示了冲积层劈裂注浆机理及加固特性。Swedenborg 等[17]研究了硬岩节理裂隙注浆前后的力学特征。李术才等[18]开展了富水断裂带优势劈裂注浆机制及注浆控制方法研究。J. S. Lee 等[19]采用合成材料模拟了三种节理情况下的岩体，研究了浆液在岩石裂隙中的渗透注浆强度问题。赵宏海等[20]在裂隙岩体注浆模拟试验中，研究了裂隙宽度、注浆压力、水灰比等因素对浆液扩散半径、注浆后试件的抗压强度和渗透系数的影响规律。冯志强[21]模拟了围压对岩体的渗流特征的影响，认为随着围压与浆液的渗透性成反比线性关系，渗透系数与液体黏度呈反比关系。

（2）破碎岩体注浆试验。杨坪等[22]开展了砂卵（砾）石层注浆试验，研究注浆压力、浆液水灰比等因素对注浆后结石体抗压强度的影响规律。谢猛[23]模拟了现场注浆工艺，得到松散碎石体特性与注浆压力、注浆量、浆液扩散距离、浆液水灰比等注浆参数之间定量的关系。张伟杰等[24]利用自主研制的三维注浆模型试验系统，开展了富水破碎岩体多孔分序帷幕注浆试验，获得了注浆扰动下岩体多物理场演化规律，探索了多孔分序帷幕注浆试验中浆液的扩散规律及注浆加固机理。

（3）松散介质试验研究。Kleinlugtenbelt 等[25]研制了三维注浆系统，可以量测注浆效率和由于砂体稠化和浆液渗出造成的排水效率。梁飞林[26]等对松散体进行了模拟注浆试验，得出了浆液的扩散速度、扩散半径及其影响因素之间的关系；邹超等[27]为确定注浆压力、注浆流量、注浆速度、时间、浆液的扩散半径等参数设计了两种实验开展研究；侯克鹏等[28]对松散体试件进行室内灌浆加固试验研究，表明灌浆后松散体试件的强度及力学参数都有了显著的提高，浆液的配比显著影响浆液渗透范围和灌浆结石体力学特性。邹金峰等[29]、Tirupati[30]、钱自卫等[31]建立了不同的模型试验装置，开展了不同被注岩体、注浆材料、地质环境条件下的模型试验研究，探索了浆液扩散规律。

1.2.1.3 注浆堵水帷幕稳定性研究

注浆堵水帷幕处在渗流、应力等多物理场条件下，开展注浆堵水帷幕的失稳突水机理研究对于合理设计注浆堵水帷幕工程具有重要意义。有关学者采用理论分析、数值模拟、现场试验等方法开展了帷幕稳定性、帷幕厚度选择等方面研究。

注浆帷幕稳定性与帷幕墙厚度关系密切，可通过理论计算、数值模拟等方法确定。高建军等[32]从不同浆液材料所能承受的最大渗透比降角度出发研究相关幕体、幕厚所能承受的水头压力，给出了确定注浆堵水帷幕厚度的方法；黄炳仁[33]以岩体力学和弹性力学为基础计算了业庄铁矿井下近矿体堵水帷幕的厚度。王亮[34]采用抗渗标准、帷幕体抗压强度确定帷幕厚度，并采用数值模拟验证帷幕厚度选择的合理性。Fu Shigen 等[35]利用数值分析的方法计算了喀斯特充填型矿床顶板帷幕灌浆厚度并分析了其稳定性。郝哲[36]等在可靠性理论及注浆理论与实践基础上，给出了注浆工程中可靠性基本概念、可靠指标、注浆工程安全等级等，对帷幕注浆工程进行静态可靠性分析，建立了一套较完整的帷幕注浆可靠性分析系统。

随着数值模拟技术发展，采用数值模拟方法分析预测注浆帷幕稳定性的应用研究较多。刘琳等基于研山铁矿高富水特厚冲积层边坡帷幕注浆问题，采用FLAC2D开展帷幕注浆稳定性分析与帷幕合理厚度选择研究[37, 38]。徐磊[3]以徐楼铁矿近矿体注浆帷幕为研究对象，运用数值计算软件 MIDAS/GTS-FLAC3D 耦合建立简化数值模型，开展帷幕稳定性分析。袁博等[39]运用 UDEC 软件研究破碎围岩体在注浆加固作用下的变形，呈现了施工扰动效应对相邻巷道及硐室群围岩稳定性的影响，得到了其变形规律。王兴[40]、夏冬等[41]结合中关铁矿注浆堵水帷幕工程，采用 COMSOL 软件开展了帷幕和开采区的渗流应力场分布、帷幕内围岩疏干排水引起的应力响应研究。付英浩等[42]以深井巷道涌水区域为对象，建立了区域内的渗流场-应力场耦合地质力学模型，基于 COMSOL 有限元分析深井巷道涌水区域渗流场与应力场变化特点，开展现场深部帷幕注浆，有效地封堵了涌水通道。王刚[43]运用 COMSOL 软件分析了影响隧道注浆加固圈堵水加固效能及其稳定性的基本因素，结合钟家山隧道对富水地层合理注浆加固圈参数进行研究，确定最优参数组合，提出适用于富水地层的帷幕注浆堵水加固方法。赵恰[44]以地下水三维平台 Modflow 为工具，结合凡口铅锌矿，建立地下水三维模型，并以该模型为平台，开展了矿区地面帷幕的模拟与参数优化工作。

在上述研究中，对注浆堵水帷幕实施中的工艺参数及强度设计的研究较多，而对帷幕竣工后在使用过程中的状态及其变化的研究明显不足；对注浆堵水帷幕失稳机理的静态研究、室内研究多，而动态的、结合工程实例的研究则很少；对单一岩体的失稳破坏研究多，而对结构复杂的堵水帷幕体失稳破坏过程研究少；对注浆帷幕稳定性的研究主要集中于地下矿山，有关露天矿山的相关研究少。

1.2.2 岩石破裂机理研究现状

岩石力学研究最根本的问题是岩石（体）失稳破坏问题，岩石（体）失稳破坏会造成很多地质灾害，如突水、地震、冲击地压（矿震）、边坡失稳等，对这些地质灾害进行有效的预测预报，一直是岩石力学界研究的重点、难点问题。随着科技的进步，对岩石失稳机理的研究手段不断得到改善，如利用光学和电镜扫描技术、光学透射方法、岩石红外遥感技术、X 射线技术、CT 方法、实时全息干涉技术、激光散斑、声发射技术以及数值模拟等手段，研究岩石失稳破裂全过程。在研究岩石破坏机理方面，很多力学理论被应用，如材料力学、弹性力学、断裂力学和损伤力学等。在此基础上，国内外学者提出了多种岩石失稳的理论和学说，如刚度理论、失稳理论、能量理论、强度理论、断裂损伤理论、突变理论及岩爆倾向性理论等。

（1）岩石破裂损伤研究。岩石是包含孔隙、裂隙各种缺陷的脆性材料，近年来众多学者采用断裂力学、损伤力学、室内试验、数值分析等方法开展了岩石破裂研究，取得了不少成果。早期 Brace[45] 提出了二维裂隙滑移开裂模型。朱维申等模拟研究了雁形裂隙的扩展过程。朱维申、李术才等在双向荷载下模拟了雁形裂隙的扩展过程，提出了节理裂隙螺变演化的等效模型和考虑裂隙螺变扩展与损伤耦合的应变本构方程[46-48]。

朱珍德[49] 研究了卸载后板岩裂隙微观结构参数的统计规律，模拟再现了卸荷后板岩微裂隙的空间分布。Latham J P 等[50] 采用 FEMDEM 方法模拟了远场应力下裂隙岩体裂隙网络的 3D 几何特征。张波等[51] 通过类岩石材料试件单轴压缩试验研究了含交叉多裂隙岩体的力学性能。

围绕岩石破裂过程则更多开展了损伤力学研究。刘建坡等[52] 建立了循环载荷岩石损伤和声发射关系的数学模型。张明等[53] 基于三轴压缩试验，结合统计强度理论和连续损伤理论建立了岩石统计损伤本构模型。杨永杰等[54] 基于声发射特征参数建立了岩石三轴压缩损伤演化模型。Martin 和 Chandler[55] 对花岗岩开展了单轴及三轴循环加、卸载试验，初步建立了内聚力、内摩擦角与损伤变量的关系。S. L. Qiu 等[56] 基于增量循环加、卸载试验对大理岩的峰前损伤行为进行了定量化分析。

（2）岩石破裂声发射定位研究。声发射定位能够反映岩石裂纹动态演化过程，也是岩样内部应力场演化过程的宏观表现，是深入研究岩石破裂失稳机制的基础。声发射定位技术已成为岩石破裂机理研究的重要手段。

岩石单轴荷载声发射定位研究。赵兴东等[57] 应用声发射及其定位技术、盖格尔定位算法，在单轴压缩载荷下，采用试验方法研究含不同预制裂纹的花岗岩岩样在破裂失稳过程中内部微裂纹孕育、萌生、扩展、成核和贯通的三维空间演化模式。王述红等[58] 开展了不同尺寸岩石在单轴压缩破坏过程中的三维定位声发射试验研究。裴建良等[59] 对取自锦屏 Ⅱ 级水电站交通辅助洞的含自然裂隙大理岩岩样进行了单轴压缩条件下的声发射测试，并结合 AE 振铃数实现对不同空间分布类型自然裂隙时空演化过程的精确定位和追踪。

岩石三轴荷载声发射定位研究。Nasseri M. H. B. 等[60]采用声发射源定位时空演化与 CT 扫描相结合研究不同三轴荷载下砂岩破坏机理。Ting A. 等[61]基于三轴压缩围压卸载轴压加载试验，开展了煤岩试样声发射时空演化规律研究。左建平等[62]通过带有三维定位实时监测装置的 MTS815 试验机，实时监测了单轴荷载下煤体、岩体和煤岩组合体三者破坏过程的声发射行为及力学行为的关系，并获得了声发射三维空间分布规律。

岩石循环加卸载声发射定位研究。唐晓军[63]、许江等[64]通过对循环载荷作用下细粒砂岩声发射定位试验研究，分析了循环载荷作用下岩石变形破坏全过程的声发射时空演化特征及其损伤演化规律。赵星光等[65]基于声发射定位监测，研究了深部花岗岩在三轴循环加、卸载条件下的损伤和扩容特性，通过分析岩石全应力－应变曲线与累计声发射撞击数和事件数的时空分布关系，揭示其破裂演化机制。

数值模拟与声发射定位相结合研究。Lei Xinglin 等[66]为进一步认识高压渗流源下岩石裂隙和断层的不稳定性，采用声发射定位和数值模拟相结合的方法研究了包含石英岩脉的花岗岩试件的破裂演化特征。Cai M. 等[67]采用 FLAC/PFC 耦合方法模拟了 Kannagawa 地下动力硐室的声发射传感器位置的声发射活动，与现场监测具有较好的一致性，观测的声发射活动可以用于评估岩石支护系统的有效性和硐室的整体安全。

Moriya H 等[68]在现场声发射监测中，采用节理震源测定方法和双微分相对定位算法解析声发射定位图，较好地描绘了定位在采场工作面前方的高应力岩体中大型构造的破坏。

（3）岩石裂隙网络分形几何研究。岩石内部存在微裂纹、微孔隙，在外荷载作用下表现出从无序到有序的扩展演化特点，具有典型的非线性特征。非线性理论分形几何适于描述裂隙网络分布等复杂性问题，分形理论可实现裂隙复杂结构的定量计算。谢和平[69]采用分形理论对岩石材料的损伤、孔隙和粒子演化分布进行了大量研究，提出了分形损伤的概念，创立了分形-岩石力学。Wei Xiujun 等[70]利用分形理论和数字图像技术研究了覆岩裂缝的分布和演化规律，建立了裂缝分维和覆岩压力之间的关系。Alireza Jafari 等[71]利用分形几何定义了二维裂隙网络，并提出了一种新的裂隙网络渗透率的等效估计方法。Xie H. 、Gao F. [72]基于岩石裂纹分形分布和弱联系理论，考虑裂纹分布方位和裂纹发展不规则性影响，建立了复杂应力状态的岩石强度统计公式一般式。

一些学者采用分形理论开展了采动岩体裂隙网络演化的研究。谢和平等[73]利用分形实验模拟了煤岩体开采过程中应力场、位移场的变化以及地表沉陷和移动规律，实现了裂隙复杂结构的定量计算与模拟。张永波等[74]、王志国等[75]利用相似材料模拟试验模拟了不同开采条件下采动岩体裂隙的分布规律，应用分形几何理论研究采动岩体裂隙分布的自相似性及采动岩体裂隙网络演化规律。王金安等[76]采用分形几何方法对 UDEC 计算得出的急倾斜煤层开采覆岩裂隙发育分布进行了分析。还有一些学者采用分形理论研究围岩采动裂隙分布规律，谢和平等[77]、郜进海等[78]研究了采动影响下巷道围岩裂隙的分形特征。

岩石裂隙网络分形几何研究为表征岩石损伤破裂过程力学行为奠定了研究方法体系，对于帷幕体破裂损伤非线性问题，分形是较好的分析方法。

（4）基于声发射空间定位分形特征研究。Hirata T. 等[79]发现花岗岩在三轴压缩破裂实验中的声发射源分布具有分形特征，揭示了其微破裂空间分布是一个分形；其在进行 Oshima 花岗岩三轴试验时，发现声发射震源分布具有关联分形特征，随岩石破裂呈降维趋势。雷兴林等[80]开展了粗晶花岗闪长岩在三轴压缩变形条件下，声发射活动空间分布特征的实验研究，结果表明，声发射空间分布具有明显的自相似结构，粗晶花岗岩声发射分布还具多分形特征。刘力强等[81]利用声发射测量系统，研究了三轴压缩下两种花岗岩变形过程中微破裂活动的时空分布。裴建良等[82]提出了声发射事件空间分布的柱覆盖分形模型，基于瀑布沟水电站地下厂房花岗岩单轴压缩试验，对其损伤破坏过程中声发射事件空间分布的分形特征进行了研究。此后，开展了柱覆盖分形系列研究。Xie H. P. 等[83]根据层状岩盐单轴压缩和劈裂声发射试验，基于三维柱覆盖分维计算方法，研究了试件破坏过程中声发射空间分布分维演化规律。Zhang R. 等[84]将采用相关维数计算声发射时间分布分维与采用柱覆盖计算声发射空间分布分维相结合，研究了岩石声发射时空分布分形特征。

由上述研究成果可见，岩石破裂研究基于室内岩石力学试验，采用声发射定位技术研究其破裂损伤空间演化规律，并可采用分形几何理论进行非线性特征研究。帷幕体是在破碎岩体基础上注浆充填形成的复合介质，其力学性质区别于岩体材料，帷幕体破裂过程虽然不同于原来岩体的破裂，但其研究仍可采用岩石破裂的研究方法。

1.2.3 边坡稳定性研究现状

从边坡稳定性研究看，国内外相关研究较多，形成了很多成熟的研究方法与防治技术。常用的边坡稳定性分析方法有很多种，但综合考虑，可分为定性分析法和定量分析法。定性分析方法有地质分析法、经验类比法、结构分析法等；定量分析法有极限平衡法、数值分析法等。在很多研究中都将二者结合使用。其中定量分析法又可分为确定性分析法和不确定性分析法两种。不确定性分析方法包括可靠度分析模糊数学等，现在的发展趋势是由确定向不确定发展。

1.2.3.1 边坡稳定性的确定性分析方法

（1）极限平衡法。该法是最经典，采用最多，也是目前最成熟有效的一种方法。其引入莫尔-库仑强度准则，通过对潜在滑体的受力分析，根据滑体的力（力矩）平衡，建立边坡安全系数表达式进行定量评价。常用的方法有瑞典条分法、Bishop 条分法、Saram 法、斯宾塞法、摩根斯坦-普赖斯法和传递系数法等[85]。

极限平衡法在边坡稳定性分析中的应用十分成熟。ATAEI M. 等[86]基于 Hoek-Brown 破坏准则用数值模拟和极限平衡方法综合分析了 Chador-Malu 铁矿的边坡稳定性。Wael Alkasawneh 等[87]利用包括极限平衡法在内的不同滑动面搜索技术得出了边坡稳定性的安全系数，通过比较得出，使用蒙特卡罗优化技术可以使极限平衡法分析边坡稳定性的可靠性大大提高。Malkawi A. I. H. 等[88]基于蒙特卡罗方法的随机原理开发了一种边坡稳定性分析的自动搜索程序。Paul F. McCombie[89]利用多楔体法分析边坡稳定性，充分考虑了在既不是圆形又不是标准平面上运动所发生的扭曲。刘立鹏等[90]基于 H-B 强度准则采用极限平衡软件 SLIDE 分析了影响边坡稳定性的因素，建立了岩质边坡稳定安全系数分布图。宋义亮等[91]采用赤平极射投影法开展某危岩体的稳定性分析，计算了边坡稳定性系数。张卉等[92]应用块体理论矢量运算法，以实际边坡工程为例，通过结构面的空间位置关系分析和相应块体物理参数、几何参数研究，准确定位了目标块体及可能的滑动方向。

（2）数值分析法。该法在 20 世纪 60 年代用于边坡稳定性分析中。它在处理非均质、非线性、复杂边界边坡时，通过计算机处理获得岩土体应力-应变关系，并能模拟边坡的开挖、支护及地下水渗流等，分析岩土体间及与支护结构间的相互作用。常用的方法有有限元法（FEM）、边界元法（BEM）、离散单元法（DEM）、快速拉格朗日分析法（FLAC）、不连续变形分析法（DDA）、有限差分法（FDM）、无界元法（IDEM）和数值流行元法（NMM）[93]。

随着计算机技术的发展，数值模拟方法广泛应用于边坡稳定分析中。D. V. Griffiths 等[94]通过比较有限元方法和其他方法边坡稳定性分析实例，验证了有限元方法替代传统极限平衡法的可行性。E. C. Leong 等[95]对新加坡的武吉巴督残积土边坡用二维、三维边坡稳定性分析软件 SVslope 软件重新进行了分析。尧红等[96]采用 ANSYS 软件对岩质边坡进行了稳定性分析，分析得出了边坡的安全系数和破坏滑动面。殷德胜等[97]采用动态有限单元法，模拟岩质边坡开挖过程，通过动态调整开挖面，实现边坡优化分析。蒋中明等[98]采用 FLAC^{3D} 软件渗流分析模块研究降雨入渗条件下三维边坡渗流场的变化过程。谢振华等[99]通过分析劈裂注浆机理，建立了不同浆脉长度和起劈宽度的分层多次高压注浆技术浆脉作用模型，并结合 FLAC 软件对分层多次高压注浆机理进行研究。刘天苹等[100]针对节理化岩质边坡节理面发育的特点，在连续-非连续离散单元法的基础上，自主编程实现了随机结构面网格的有限元和离散元耦合计算模型；模拟分析了 2001

年发生的武隆滑坡，得到的结果与实际滑坡演化过程相吻合。孔不凡等[101]将离散元法与强度折减法结合，分别对土质边坡和含结构面的岩质边坡的稳定性进行了算例分析。赵川等[102]采用三维离散单元法模拟滑坡运动过程，并与有限元模型对比，验证了其合理性。

1.2.3.2 边坡稳定性的不确定性分析方法

虽然边坡稳定性评价方法已经取得了很大进展，但问题亦不少，无论哪一种评价方法本身都有它的适应性和局限性，因此加剧了新技术、新方法在边坡稳定性评价中的应用。近年来，随着现代数学、力学和计算机技术的发展，人工智能、遗传进化算法、数据挖掘、灰色理论、非线性力学以及系统科学等新兴学科的兴起，为我们提供了全新的思维方式和研究方法，为突破岩石力学的确定性研究方法提供了强有力的理论基础。边坡稳定性的不确定性分析方法出现于20世纪70年代初，常用的方法主要有可靠度评价法、灰色系统评价法、人工神经网络分析法（ANN）、遗传法模糊评价法及综合法等。

王思长等[103]采用尖点突变理论对边坡的稳定性进行分析，建立了边坡稳定尖点突变力学模型。张宏涛等[104]基于Winner的多项式混沌展开及塑性上限定理，建立了一种岩土参数随机分布下边坡稳定可靠性的研究方法，可以获取边坡临界滑面、边坡失效概率以及稳定系数。蒋水华等[105]基于可靠度理论，提出了三维边坡可靠度分析的非侵入式随机有限差分法，实现了概率分析与FLAC^{3D}的有机结合，极大地简化了可靠度分析过程。P. Samui等[106]用最小二乘支持向量机（LSSVM）分析边坡稳定性，改进的LSSVM的成效比人工神经网络的好，改善的LSSVM模型可以作为边坡稳定性分析工具。Chi Tran等[107]利用遗传算法思想评价土质边坡稳定性。Lysandros Pantelidis[108]运用岩石分类系统评估岩石边坡稳定性，确定了一般性的分类影响因素。Li Wen xiu等[109]基于大量工程地质和土木工程测量数据的统计分析，采用模糊数学理论建立了露天金属矿岩石边坡稳定基本模糊模型。Wang Yajun等[110]基于模糊自适应控制理论建立了模糊随机损伤力学模型。

1.2.3.3 边坡稳定现场观测方法

随着监测技术的发展，边坡稳定分析中也引入了较多实用的现场观测方法。Xu N. W. 等[111]利用微震监测和数值分析相结合的综合方法对中国西南锦屏一级水电站左岸高边坡进行了稳定性分析，2009年6月安装了微震监测系统，这是第一次在中国引进高陡岩质边坡稳定性分析技术。微震监测系统由数据采集单元、数据处理单元和三维阵列的单轴加速度计组成，监测结果与数值分析得到的潜在滑动面较为一致。隋智力等[112]以杏山铁矿露天转地下开采为工程背景，应用现场声发射的监测方法，监测每次爆破时的能量大小以及信号的传播规律。易武等[113]基于岩质边坡失稳声发射产生微观机理，通过岩石声发射试验和岩质边坡声发射监测实例，研究了岩质边坡声发射特征，提出了岩质边坡失稳破坏声发射的监测预报方法和判据。G. Firpo 等[114]根据不同元素的数值方法利用数字近景摄影测量分析了岩质边坡的稳定性。王秀美等[115]采用"数字化近景摄影测量系统"，用电子经纬仪虚拟照片法和专用量测相机摄影法进行了滑坡监测。史彦新等[116]将分布式光纤传感技术引入滑坡监测，提出 FBG 与 BOTDR 联合监测滑坡的方案，既可得到整个滑坡体的概要特征，又可提高监测效率。孟令超等[117]运用 GIS 对南水北调西线工程达曲库区边坡稳定性进行了研究，基于因子指标叠加模型，采用 GIS 技术进行边坡稳定性分区研究，研究成果与库区实际情况相吻合。

综上可见，边坡稳定性分析在岩土工程研究中是一个热点问题，随着各种新理论和新方法的引入，其研究方法从原来的确定性分析向不确定分析发展。由于边坡工程是一个复杂性极强的问题，在对其进行稳定性分析评价中，也从单一方法发展到综合评价分析方法，综合性方法更为科学、合理、客观。上述研究主要侧重单纯边坡稳定分析，对防渗帷幕墙与边坡综合稳定性分析的研究尚不深入，开展复杂条件下帷幕与边坡稳定性的综合分析具有重要现实意义。

1.3　本书的主要内容

本书的主要内容如下：

（1）边坡岩、土体岩石力学性质研究。通过室内实验方法确定第四系风化层、基岩和注浆帷幕体的基本物理力学性质；单轴抗压强度、抗剪强度参数、弹性模量、泊松比等参数；结合矿山实际开展边坡岩体结构特征现场测试分析。

（2）注浆帷幕体破裂机理试验研究。基于声发射三维定位技术和分形几何理论，开展不同含水率、不同应力条件下帷幕体破裂全过程试验研究。采用声发射技术监测单轴荷载、常规三轴荷载作用下帷幕试块破坏声发射特性、微裂隙扩展与空间分布特征。采用红外辐射仪监测单轴荷载表观破裂红外辐射温度演化特征。采用分形几何理论分析不同荷载作用下帷幕体破裂声发射源空间分布分维演化特征，以揭示帷幕体分形破裂机理。

（3）注浆帷幕与边坡稳定性数值模拟研究。根据地质条件及帷幕建设情况，在现场选择不同剖面，采用数值模拟方法模拟丰水季节高渗流压力作用下帷幕稳定性及帷幕不同堵水效果下的边坡稳定性。在模拟过程中考虑开采实际，开展不同开采深度时矿山边坡稳定性研究，为矿山安全生产提供指导。

（4）帷幕注浆堵水技术实施与效果。根据室内试验研究成果，结合现场堵水试验，提出研山铁矿帷幕注浆堵水技术，并在现场实施，采用监测方法分析堵水效果。

2 研山铁矿注浆堵水帷幕工程概况

2.1 矿山工程地质概况

2.1.1 工程地质概况

2.1.1.1 地理位置与交通条件

司家营研山铁矿位于河北省滦县城南3km。北距京山铁路滦县车站8km，西距迁（迁安）曹（曹妃甸）铁路菱角山站4km；距唐钢55km。平—青—大公路从矿区西侧通过，滦河经矿区东侧向南流入渤海。

2.1.1.2 地形地貌

勘察区位于燕山南麓山前倾斜平原，地势北高南低，南部为广阔的冲积平原，仅在东部和西部分布有零星的剥蚀残山，地面标高为23~65m，绝大部分标高在24~26m，相对高差较小。滦河在勘察区东部流过，且紧临施工区徐寨子村东有一条人工引水渠——新河，自滦河引水，水量较大。

2.1.1.3 地层

前震旦系（Ar）地层构成本区古老的结晶基底，主要由一套变质程度较浅、岩性较简单的变粒岩类、片岩类和石英岩类等组成，混合岩化弱而普遍。该系地层走向近南北，倾向西，倾角40°~50°。其中单塔子群白庙子组第三段（Arb_3）为矿区主要含铁岩系。

震旦系（Z）地层主要为大洪峪组石英砂岩和少量的含燧石条带白云岩及燧石岩，不整合覆盖于前震旦系变质岩系地层之上。走向北北东，倾向北西西，倾角10°~25°。

第四系（Q）地层分布广泛，占矿区总面积（10km²）的70%以上。地表出露以亚砂土为主，次为坡、残积物，个别钻孔中可见到黏土。厚度一般20~30m，最厚70m，一般东薄西厚，北薄南厚。

2.1.1.4 构造

从总体来看，整个矿区位于新河复式背斜西翼、司家营复式向斜东翼。矿区本身为一单斜构造，地层走向近南北，倾向西，倾角40°~50°。矿体内小型褶皱十分发育。

区内断裂构造较发育，主要有北北东向、北北西向和近东西向三组。北北东向和北北西向多为压扭性逆断层；近东西向多为张扭性横断层，本组断层位移不太大，对矿体的破坏性较小。

2.1.1.5　岩浆岩

区内尚未发现大规模的侵入岩体，仅在个别钻孔中见有产状不清、厚度较大的黑云霓辉正长岩。除此之外，还有一些中基性岩脉。

2.1.2　矿床与围岩构造

2.1.2.1　矿床成因

据目前调查统计，深海的沉积物质主要来源于火山喷发。众所周知，前震旦纪的海域范围要比以后各时期海域广阔得多，可以说当时是一个海洋世界，而陆地面积则很小很小。当时要完成这样一个大面积巨厚的沉积和分布极其广泛的铁矿，仅靠陆地供给是不可能的，必须要有一个极其充足的物质来源——火山喷发，才能完成这一巨厚而广泛的沉积，纯陆源碎屑沉积有是有，但很少很少。所以，前震旦纪变质铁矿的物质来源绝大部分亦是由火山喷发而来。

从宏观上看，矿区内铁矿体火山特点并不十分明显。这主要是当时火山喷发带来的铁质多呈胶体状态，如当时环境条件适宜就可立即沉积下来；但有时因当时环境条件不适宜，且被海水搬运到远离火山口的地方，在遇到适宜环境后才沉积。本区铁矿则属于这一类型。因此，火山特征不太明显。

区内铁矿不但分布广，且多呈群呈带出现，其规模相差极大，厚度变化悬殊，矿体形态复杂，膨缩现象明显，分枝复合常见。这些特征绝不是单纯陆源沉积所能形成的，而是表现了海底火山喷发再沉积的一种特点。

根据主要含矿岩系的厚岩分布，原岩类型主要为中酸性火山碎屑岩类和少数凝灰质火山碎屑岩或粉砂质凝灰岩，从而进一步证明本区主要含矿岩系物质来源于海底火山喷发；但并不完全排除有少部分物质来源于陆地，而铁矿的物质来源亦绝不会脱离火山喷发这一范畴。

根据上述的论据，认为本区铁矿成因类型应为：火山—沉积—变质铁矿床。

2.1.2.2　围岩构造

区内基岩出露甚少，只在东部丘陵地带有少量分布。所以，矿区的构造主要是依据外围、地表及钻孔中所见的构造形迹而定。从总体来看，整个矿区位于新河复式背斜西翼；司家营复式向斜东翼。矿区本身为一单斜构造，片理（或矿体）走向近南北，倾向西，倾角40°~50°。目前仅在N21线蘑菇山附近的Ⅲ号矿体见有较大的东南端翘起，西北端倾灭，倾伏角约15°左右的向斜构造；但矿体内小型褶皱十分发育。

区内断裂构造时代多为震旦纪之后的断裂。

2.1.3 矿山开采技术条件

司家营铁矿北区位于燕山南麓山前倾斜平原，地势北高南低，在矿区东部和尚山—铁石山一带有零星的孤山（最高标高114m），地形相对平坦，标高在20~40m之间。矿体仅在采场东南部随基岩局部出露地表，其他均被第四系表土覆盖，平均厚度为20~30m，最厚70m。地表疏松破碎，深部致密坚硬，节理、裂隙不发育。

矿石主要赋存于黑云变粒岩中，产状与围岩一致。区内矿体多呈层状似层状，部分呈透镜状或扁豆状，层位稳定。矿体由东向西划分为 I ~ Ⅳ 号4个矿体，呈平行带状排列，各矿体走向近南北，倾向西，倾角40°~50°。受构造和古地形影响，矿体沿走向和倾向厚度变化较大，形态变化较复杂。

矿山采剥工艺为牙轮钻机穿凿中深孔，炸药爆破崩落矿岩，单斗挖掘机装载自卸汽车。

采场划分水平台阶由上向下逐层开采，开采台阶高度12~15m，推至终了境界时每2个台阶并段为24~30m；采、剥工作面沿矿体走向方向布置，向东西两侧推进；最小工作平台宽50m，工作台阶坡面角75°；开段沟底宽45m。

采场采用组合台阶方式剥岩，组合台阶参数：组合台阶高度48~60m（4个开采水平为一组），工作平台宽度50m，安全平台宽度15m，工作帮坡角为22.66°~27.55°。

矿石分氧化矿和原生矿，废石分第四系表土和岩石，上述两种矿石和两种废石均分采、分运。

2.2 水文地质概况

2.2.1 区域水文地质

该区域属暖温带半湿润大陆性季风气候，四季分明，春季干燥多风，夏季闷热多雨，秋季昼暖夜寒，冬季寒冷少雪。据唐山市及滦县气象站提供的资料，项目区多年平均气温10.5℃，最冷月份是1月，月平均气温-6.5℃；最热月份是7月，月平均气温25.3℃；极端最低气温-23.1℃，极端最高气温39.9℃。多年平均无霜期为175天，冰冻期为12月至次年3月，冰厚0.3~0.5m，冻土期11月下旬至次年3月，最大冻土深度为0.8m。多年平均降雨量为668mm，年内时空分布不均，冬春降雨偏少，夏秋降雨集中，降水集中在6~9月，暴雨多在7~8月，占全年降水量的65%。多年平均蒸发量为1648.3mm。夏季多东南风，冬季多西北风，主导风向为北，风频9.11%，平均风速2.86m/s，最大风速18m/s。

主要水系包括：

（1）滦河。滦河源远流长，水量丰沛。随着 20 世纪 70 年代以后滦河上游大黑汀、潘家口和主要支流青龙河上青龙河水库的修建及投入使用，大大减少了滦河水害。据滦县水文站 1984～2003 年 20 年资料，滦河多年平均实测径流量 22.2714 亿立方米/年，年平均水位 22.92m，汛期最高水位 27.85m（1994 年），最低水位 22.20m（2000 年）；最大径流量 59.10 亿立方米/年（1994 年），最小径流量 3.317 亿立方米/年（2001 年）；最近 10 年径流量呈现快速减少趋势。

（2）新河。新河是人工开挖的输水灌渠，在滦县岩山脚下设闸引滦河水入渠，纵贯本区东部边缘，流量受人为控制，设计通水能力为 $140m^3/s$，多年平均流量 $31m^3/s$（1963～2003 年），近 5 年流量变化在 $0.24～155.05m^3/s$ 之间。在司家营村北河桥断面处，中水期水面宽 45m 左右，水深 2.5m，流速 0.2m/s；低水期水面宽 20m 左右，水深 1.0m，流速 0.2m/s。

（3）狗尿河。狗尿河发源于滦县以南菱角山一带，在滦县老阵营南注入新河，原为行洪河流，现在响嘡镇以南有选矿和生活废水，流量较小，水深 0.2～0.5m。

2.2.2 矿区水文地质

矿区属北温带半干旱大陆性气候，四季分明。夏季多东南风，炎热多雨，冬季多西北风，干燥寒冷。年平均风速 2.5m/s，历年平均气温 10.5℃。1 月寒冷，最低温度 -23.1℃；7 月最热，最高温度 40℃。日平均温度不高于 +5℃ 的天数为 129 天。

表 2-1 为滦县 1991～2000 年降水量及蒸发量统计表。

表 2-1　滦县 1991～2000 年降水量及蒸发量统计表　　　（mm）

年份	1991	1992	1993	1994	1995	1996	1997	1998	1999	2000
降水量	649.3	454.3	406.4	711.0	775.0	626.0	403.0	724.0	513.0	533.6
蒸发量	1711.6	1903.0	1855.2	1908.0	1589.5	1647.8	1841.7	1447.7	1641.0	1635.9

全区多年平均降雨量 661.4mm（1929～2000 年），最高年降雨量 1156.5mm（1976 年），日最高降雨量为 259.6mm（1977 年 7 月 26 日），80% 集中在 6～9 月，暴雨多在 7～8 月。

全区多年平均蒸发量 1648.3mm。5 月最大，为 354.9mm。蒸发量大于降雨量。冰冻期 12 月至次年 3 月，冰冻厚度 0.305m。冻土期每年 11 月下旬至次年 3 月，最大冻结深度 0.608m。

区内地表水系发育，滦河位于矿区东侧约 1km 处。大型人工灌区——新河流经矿区东缘，其流量一般为 34～100m³/s，该河由人为控制，动态变化不大，据长期观测资料，年水位变幅为 1.33 m。小河又称狗尿河，流经矿区西部，为一季节性河流，据在响噔村南观测，雨后水面宽 16m，水深 0.25～1.0m，流量 6.25 m³/s。

矿区含水层按其成因类型、岩性特点及其水力性质，可分为以下四类。

(1) 第四系全新统冲洪积砂、砂砾石层孔隙潜水 (Q_4pl+al)。该层分布于李兴庄、田町村以南，以及西法宝一带的洪充积平原一级阶地内。岩性为细砂、中粗砂及砂砾石。砾石层厚度 7.0～13.0m，顶板埋深深度 5.5～8.0m 左右，上覆岩层为黏质砂土，隔水底板为上更新统的砂质黏土层。平均静止水位标高 17.45m。该层透水性强，含水丰富，导水性和富水性在水平方向上极不均一，东部小、南部大，根据抽水试验测定结果，矿区东部渗透系数 3.054～22.325m/d，单位涌水量 0.622～2.207L/(s·m)，矿区南部渗透系数 119.047m/d，单位涌水量 11.45 L/(s·m)。

(2) 第四系上更新统冲洪积砂层孔隙承压水 (Q_3pl+al)。该层分布于李兴庄田町村以北，铁石山至岩山以西冲洪积平原 Ⅱ 级阶地内。含水层岩性为粉砂、细砂、中砂等。钻孔揭露可见二层，总厚度 6～15m 左右，单层最大厚度 10m 左右，属弱含水、弱透水层。单位涌水量 0.032～0.202L/(s·m)，渗透系数 0.083～0.276m/d。

(3) 震旦系石英砂岩裂隙承压水。该层在本区东部及北部出露，不整合于前震旦纪变质岩系之上。中、西部被第四系覆盖，岩性主要为硅质胶结的石英砂岩夹薄层白云岩、燧石条带白云岩及含砾石英砂岩。

由于受褶皱构造控制，致使石英砂岩内地下水的分布具有明显的垂直分带性，在垂直剖面上形成两个带，上部弱富水带富水性及导水性较弱；下部强富水带富水性及导水性很强。本层受构造影响，节理裂隙比较发育，连通性很好。

(4) 前震旦系变粒岩裂隙承压水。该层主要分布于大小铁石山、蘑菇山一带。岩性主要为黑云变粒岩。该层新鲜岩层构造裂隙极不发育，富水性和导水性极弱，单位涌水量 0.00081～0.02100L/(s·m)，渗透系数 0.00036～0.00760 m/d。

2.2.3 露天采场东帮水文地质条件

(1) 地表水影响。新河为邻近采场的最大地表水体，是人工开挖的引水渠道，纵贯本区东部边缘，最近处距离露天采场约 61m（N24 线～N26 线之间），流量一般为 34～100m³/s，动态变化不大。河流东岸一侧补给一级阶地孔隙潜水，露天采场开挖过后，新河水通过长约 692m（N22 线～N29 线之间）的第四纪全新统强透水层通道向采场大量涌水。

(2) 地下水影响。根据近期实测，地下水埋深 8.0～8.5m，标高在 16.5m 左右，地下水类型为孔隙潜水，地下水接受大气降水和地下径流补给，河水也可直接补给。以向滦河和新河侧向排泄、人工开采为主，动态特征受气象因素影响较明显，地下水水位年变幅约 1.5m。通过取样对地下水水质分析，综合评定地下水对混凝土结构及钢筋混凝土结构中的钢筋无腐蚀性，对钢结构具弱腐蚀性；地基土对混凝土、钢筋无腐蚀性。

2.3 注浆堵水帷幕情况

2.3.1 矿区东边坡现状

滦县司家营一带铁矿开采历史悠久，早在新中国成立前就已探查出地下赋存铁矿。司家营一带大部分地区属于滦河的冲积平原，其东部有滦河横亘南北，向南流入渤海湾，土层中含有透水性强的砂卵石层，水量丰富；铁矿大部分埋藏在当地侵蚀基准面以下，并为第四系表土所覆盖，第四系覆盖层厚度为 10～30m，最厚约 65m。采场现状如图 2-1 所示。

根据前期勘察资料，东部第四系地层由上至下为杂填土层、粉质黏土、粉砂层、砾石层及基岩层，其中冲洪积砂、砂砾卵石层孔隙潜水含水层透水性、富水性极强。新河作为定水水头补给水源，以东段为涌水通道，向采场内大量涌水。

a

b

图 2-1 采场现状

a—东帮采场；b—采场内水流；c—揭露的砾石层；d—东帮揭露的细砂层

根据《唐钢滦县司家营铁矿二期工程初步设计》，矿坑东部边帮涌水量正常为 $33542m^3/d$，最大为 $62994m^3/d$。

2.3.2 矿区东边坡地层分布

矿区东部边帮岩石主要为太古界变质岩系、长城系石英砂岩及少量的含燧石条带白云岩。第四系以亚砂土为主，其次为坡残积、冲洪积物。

根据前期资料和施工前所做的 5 个勘察验证孔的地层埋藏条件、岩性特征和物理力学性质指标，场地地基土划分为 5 个工程地质层、3 个高喷处理层。从上至下依次为：①杂填土，②粉砂、粉土，③卵、砾石，④粉质黏土，⑤卵石，⑥含泥卵、砾石，⑦基岩，其中②、③、⑤为高喷主要处理层。基本情况见表2-2。

表 2-2 地层一览表

地层编号	地层名称	层厚/m	层底埋深/m	地 层 描 述
①	杂填土	0.5~1.4	0.5~1.4	杂色，稍湿，松散，主要由生活垃圾及少量建筑垃圾组成

地层编号	地层名称	层厚/m	层底埋深/m	地 层 描 述
②	粉土、粉砂	4.7~11.0	5.5~11.5	黄褐色、稍湿、密实，切面较粗糙，干强度、韧性低，摇振反应中等，偶见铁锰结核，局部夹有粉土层，厚度不均一
		0.5~5.0	11.0~12.6	黄褐色，湿-饱和，稍密-密实，长英质、分选、磨圆较好，呈次圆状。部分钻孔见有黏性土夹层
③	卵、砾石	5.5~11.3	11.5~21.5	黄褐色、灰色，饱和，松散；磨圆度良好，多呈椭圆状，分选较好，级配较差，粒径 2~50mm 不等，多数为 10~25mm，卵、砾石成分多为长英质
④	粉质黏土	3.0~5.5	17.0~27.0	褐色、黄褐色，湿-饱和，硬塑，刀切面光滑，干强度高，韧性高，无摇振反应；偶含铁锰结核
⑤	卵石	4.0~11.4	22.5~34.1	黄褐色、灰色，饱和，稍密-中密；磨圆度良好，多呈椭圆状，分选较好，级配较差，粒径 20~100 mm 不等，多数为 20~60 mm，充填物为黏土及中粗砂，卵石成分多为长英质
⑥	含泥卵、砾石	0.0~4.1	29.5~37.2	黄褐色-灰色，饱和，稍密-中密；磨圆度良好，多呈椭圆状，分选较好，级配较差，多数粒径为 20~70 mm，充填物为黏土含量在 40% 左右，卵砾石成分多为长英质
⑦	基岩		未揭穿	石英砂岩：灰白色，砂质结构，层状构造，硅质胶结， 变粒岩：变粒结构，层状构造，主要矿物成分长石、云母等

2.3.3　注浆堵水工程概况

司家营矿区东部、新河沿岸的强透水层渗流现象严重，原来用过帷幕方法但效果不理想，现改为防渗墙处理。

防渗墙采用的材料为塑性混凝土，建设规模如下：防渗墙布置于矿区东北部、新河沿岸，始、末两端分别达到不含卵石层的不透水处，墙顶高于新河最高水位以上不少于 0.5m，即 22.5m；防渗墙基础坐落在下部的强风化基岩上，墙底深入强风化基岩不小于 1m，从而形成完整的防渗体系，解决矿区东帮渗漏严重的问题。防渗墙工程剖面图如图 2-2 所示，平面布置图如图 2-3 所示。

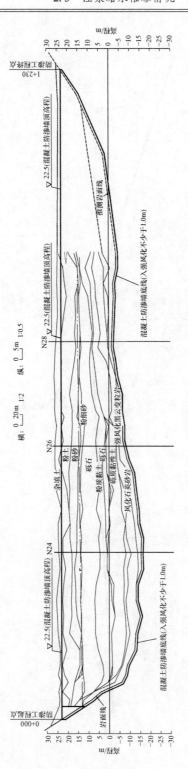

图2-2 防渗墙工程剖面图

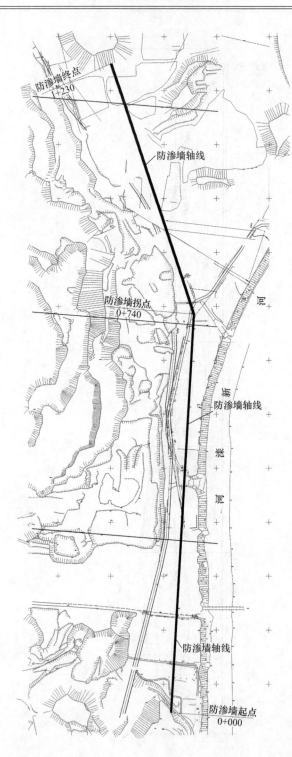

图2-3 防渗墙平面布置图

3 边坡岩土体基本物理力学性质研究

3.1 室内岩石力学实验

3.1.1 土力学实验

在工程地质勘察过程中，对研山东帮第四系土层取样，并对第四系以下风化层岩石钻取岩芯，开展岩土体物理力学实验。主要针对研山铁矿第四系土层进行岩土力学取样和常规基本土工试验，具体包括：含水率试验，密度试验，比重、液限、塑限、土的直接剪切试验，土的固结试验，土的振动三轴试验，蠕变试验，岩石抗拉、抗剪、变形试验，岩石三轴强度试验，并取得了密度、含水率、塑性指数、液限指数、孔隙比、孔隙度、直剪强度、压缩系数、压缩模量、体积压缩系数、压缩指数、长期强度及黏滞系数、动弹模、阻尼比、岩石抗压、抗拉、抗剪等物理力学参数。

有关土的相关参数测试成果如下：

（1）密度：粉土密度为 1.60g/cm^3，粉质黏土密度为 1.85g/cm^3，黏土密度为 2.09g/cm^3。

（2）抗剪强度参数：粉土长期抗剪强度参数 $C = 8.315\text{kPa}$，$\phi = 31.5°$。

（3）粉质黏土长期抗剪强度参数 $C = 1.26\text{kPa}$，$\phi = 36.4°$。

（4）黏土长期抗剪强度参数 $C = 18.5\text{kPa}$，$\phi = 24.2°$。

（5）粉土初始孔隙比 $e_0 = 0.93$，压缩系数 $a = 0.61\text{MPa}^{-1}$，压缩模量 $E_s = 3.17\text{MPa}$，压缩指数 $C_c = 0.2$。

（6）粉质黏土初始孔隙比 $e_0 = 0.91$，压缩系数 $a = 0.3\text{MPa}^{-1}$，压缩模量 $E_s = 6.45\text{MPa}$，压缩指数 $C_c = 0.1$。

（7）黏土初始孔隙比 $e_0 = 0.62$，压缩系数 $a = 0.08\text{MPa}^{-1}$，压缩模量 $E_s = 20.83\text{MPa}$，压缩指数 $C_c = 0.03$。

（8）通过查找相关资料，获得了几种土的泊松比，大致为：碎石土 0.15 ~ 0.20，砂土 0.20 ~ 0.25，粉土 0.23 ~ 0.31，粉质黏土 0.25 ~ 0.35，黏土 0.25 ~ 0.40。

3.1.2 岩石力学实验

3.1.2.1 已有矿岩力学试验结果

在课题研究前期开展了部分矿岩力学参数测试,有关结果见表 3-1~表 3-5[118]。

表 3-1　岩石抗压强度

岩石名称	采样深度/m	试件编号	直径/cm	高度/cm	载荷/kN	抗压强度/MPa	抗压强度平均值/MPa
基岩	101.1~106.5	1-6	4.86	10.06	198.7	107.11	105.38
		1-7	4.87	10.07	243.4	130.67	
		1-8	4.86	10.04	194.4	104.79	
		1-9	4.86	10.05	125.5	67.65	
		1-10	4.86	10.08	216.4	116.65	
花岗岩	123.6~130	2-6	4.86	10.08	132.2	71.26	108.90
		2-7	4.86	10.05	253.0	136.38	
		2-8	4.86	10.05	263.4	141.99	
		2-9	4.86	10.07	187.7	101.18	
		2-10	4.86	9.97	173.8	93.69	

表 3-2　岩石抗拉强度

岩石名称	采样深度/m	试件编号	直径/cm	高度/cm	载荷/kN	抗拉强度/MPa	抗拉强度平均值/MPa
基岩	90.5~95.7	1-1	4.89	2.47	18.47	9.74	8.62
		1-2	4.90	2.61	12.76	6.35	
		1-3	4.90	2.48	13.71	7.18	
		1-4	4.92	2.57	16.01	8.06	
		1-5	4.90	2.48	22.42	11.75	
花岗岩	121~123.6	2-1	4.85	2.36	11.63	6.47	10.12
		2-2	4.85	2.58	21.95	11.17	
		2-3	4.85	2.62	19.58	9.81	
		2-4	4.85	2.53	20.54	10.66	
		2-5	4.85	2.51	23.86	12.48	

表3-3　岩石抗剪强度

岩石名称	采样深度 /m	试件编号	直径 /cm	高度 /cm	法向荷载 /kN	剪切荷载 /kN	法向应力 /MPa	剪应力 /MPa	内聚力 C/MPa	内摩擦角 ϕ/(°)
基岩	128.6~130	1-11	4.87	10.08	2.0	21.70	1.07	11.65	9.91	38.82
		1-12	4.87	10.05	4.0	19.75	2.15	10.60		
		1-13	4.87	9.92	6.0	24.39	3.22	13.10		
		1-14	4.86	9.92	8.0	21.89	4.31	11.80		
		1-15	4.86	9.97	10.0	28.56	5.39	15.40		
花岗岩	128.6~130	2-11	4.86	9.97	2.0	11.63	1.08	6.27	6.79	49.20
		2-12	4.86	10.01	4.0	21.95	2.16	11.83		
		2-13	4.85	10.02	6.0	19.58	3.25	10.60		
		2-14	4.85	10.05	8.0	20.54	4.33	11.12		
		2-15	4.85	10.00	10.0	23.86	5.41	12.92		

表3-4　岩石变形试验

岩石名称	采样深度 /m	试件编号	弹性模量/GPa	弹性模量平均值/GPa	泊松比	泊松比平均值
基岩	101~106.5	1-6	58.00	66.04	0.16	0.26
		1-7	59.70		0.28	
		1-8	59.50		0.18	
		1-9	45.50		0.34	
		1-10	107.50		0.33	
花岗岩	123.6~130	2-6	46.30	50.80	0.06	0.11
		2-7	45.80		0.13	
		2-8	51.20		0.11	
		2-9	53.00		0.15	
		2-10	57.70		0.08	

表3-5　岩石的内聚力和内摩擦角

岩石名称	采样地点	试件编号	直径 /cm	高度 /cm	轴向载荷 /kN	侧向应力 σ_3/MPa	轴向应力 σ_1/MPa
基岩	研山铁矿	1-19	4.86	10.06	152	3	81.9
		1-18	4.87	10.02	222	6	119.2
		1-17	4.86	10.01	200	9	107.8
		1-16	4.86	9.92	308	12	166
		1-20	4.86	10.05	348	15	187.6
	内聚力 C/MPa	9.38		内摩擦角 ϕ/(°)			52.3

岩石名称	采样地点	试件编号	直径/cm	高度/cm	轴向载荷/kN	侧向应力 σ_3/MPa	轴向应力 σ_1/MPa
花岗岩	研山铁矿	2-20	4.87	10.03	144.0	3.0	77.31
		2-18	4.86	10.02	184.0	6.0	99.19
		2-17	4.86	10.06	225.0	9.0	121.29
		2-19	4.86	10.04	304.0	12.0	163.87
		2-16	4.86	10.06	399.0	15.0	215.09
	内聚力 C/MPa	4.94		内摩擦角 ϕ/(°)		56.9	

3.1.2.2 矿岩岩石力学补充试验

为了补充研山铁矿缺少的岩石力学参数，对研山铁矿岩芯取样，在岩石力学实验室按照国家试验标准对岩样进行了加工，对符合标准的岩石试样进行了抗剪强度、抗压强度、抗拉强度、变形试验等常规岩石力学试验，获得岩层的抗剪强度（C，ϕ 值）、抗压强度、抗拉强度、弹性模量、泊松比等力学参数。

A 单轴抗压实验

岩石的单轴抗压强度，是指岩石的标准试件在单轴压缩状态下承受的破坏荷载与其承压面面积的比值。抗压强度是反映岩块基本力学性质的重要参数，它在岩体工程分级、建立岩体破坏判据中都是必不可少的。对所取的岩样，选取具有代表性的试样进行抗压强度实验。

按式 (3-1) 计算岩石的单轴抗压强度：

$$\sigma_c = \frac{P}{A} \tag{3-1}$$

式中 σ_c——试件单轴抗压强度，MPa；

P——试件破坏荷载，N；

A——试件初始承压面积，mm^2。

通过计算，可以得到岩石的单轴抗压强度，见表 3-6。

表 3-6 岩石抗压强度

岩石种类	试件编号	直径/mm	高度/mm	载荷/N	抗压强度/MPa	抗压强度平均值/MPa
矿石	1-2	49.020	100.470	205175	41.660	52.601
	1-3	49.090	99.220	264313	54.266	
	2-3	50.090	97.770	324761	66.314	
	2-4	50.040	99.460	257792	51.797	
	2-5	50.030	96.010	237627	49.471	

单轴抗压实验试件破坏前后情况如图 3-1、图 3-2 所示。

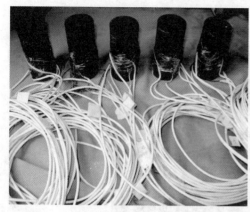

图 3-1 贴好应变片后的试件

图 3-2 破坏后的试件

B 岩石变形实验

岩石的变形试验是指岩石在受到外力的作用下，内部的颗粒之间发生相对位置的变化，进而产生内部参数大小的变化。常用来表示岩石变形性质的参数，是弹性模量和泊松比。岩石变形试验是把岩石试样放在压力机上加压，同时测试岩石在不同压力下的变形值，可以用应变计或位移计来测量，求得应力-应变曲线，然后岩石的弹性模量和泊松比就可以通过该曲线来获得。试验设备如图 3-3所示。

弹性模量和泊松比是反映岩块基本力学性质的重要参数，它在岩体工程分级、建立岩体破坏判据中都起到至关重要的作用。选取具有代表性的试样进行变形实验。

按式（3-2）计算各级应力：

$$\sigma = \frac{P}{A} \tag{3-2}$$

式中　σ ——压应力值，MPa；

　　　P ——垂直载荷，N；

　　　A ——试样横断面面积，mm^2。

图 3-3　试验设备

体积应变按式（3-3）计算：

$$\varepsilon_V = \varepsilon_1 - 2\varepsilon_a \tag{3-3}$$

式中　ε_V ——某一级应力下的体积应变；

　　　ε_1 ——同一级应力下的轴向应变；

　　　ε_a ——同一级应力下的横向应变。

在应力-应变曲线上，作原点 O 与抗压强度 50%点的连线，变形模量按式（3-4）计算：

$$E_{50} = \frac{\sigma_{50}}{\varepsilon_{150}} \tag{3-4}$$

取应力为抗压强度 50%时的横向应变和轴向应变值计算泊松比：

$$\mu_{50} = \frac{\varepsilon_{a50}}{\varepsilon_{150}} \tag{3-5}$$

式中　E_{50} ——岩石割线模量，MPa；

　　　μ_{50} ——岩石泊松比；

　　　σ_{50} ——相当于抗压强度 50%的应力值，MPa；

　　　ε_{150} ——应力为 σ_{50} 时的轴向应变；

　　　ε_{a50} ——应力为 σ_{50} 时的横向应变。

根据各个试件的应力-应变曲线分布图（图 3-4），通过计算，可以分别得出弹性模量、泊松比的平均值，其中弹性模量为 $6.8 \times 10^4 \mathrm{MPa}$，泊松比为 0.2。

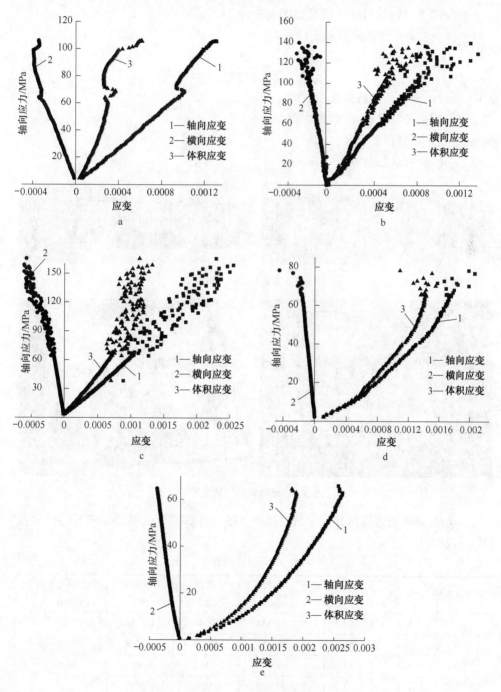

图 3-4 试件应力-应变曲线

a—1-2 号；b—1-3 号；c—2-3 号；d—2-4 号；e—2-5 号

C　抗拉强度实验

抗拉强度试验前后试件情况如图 3-5、图 3-6 所示。

按式（3-6）计算岩石的抗拉强度：

$$\sigma_t = \frac{2P}{\pi DH} \tag{3-6}$$

式中　σ_t——岩石的抗拉强度，MPa；

　　　P——试件破坏时的最大荷载，N；

　　　D——试件的直径，mm；

　　　H——试样的高度，mm。

图 3-5　加工后的岩石试件

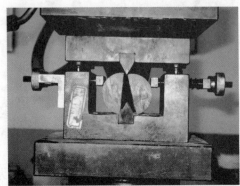

图 3-6　部分破坏后的试件

采用算术平均值计算并确定抗拉强度。通过计算，可以得到各岩石的抗拉强度，见表 3-7。

表 3-7　抗拉强度

岩石种类	试件编号	直径 /mm	高度 /mm	载荷 /N	抗拉强度 /MPa	抗拉强度平均值 /MPa
矿石	1-2	50.160	49.150	62544	16.150	13.893
	1-3	50.190	48.110	50176	13.229	
	1-4	50.180	48.610	37851	9.879	
	1-5	50.200	49.860	57959	14.742	
	1-6	50.280	48.460	59194	15.466	

D 抗剪强度实验

岩石的抗剪强度是岩石在一定的法向应力作用下所承受的最大剪应力，选取具有代表性的试样，选用5个不同剪切角的夹具进行剪切试验，计算得出矿体的抗剪强度（C，ϕ值）。

按式（3-7）计算岩石各法向载荷下的法向应力和剪应力：

$$\tau = \frac{P}{A}\sin\alpha \qquad (3-7)$$

$$\sigma = \frac{P}{A}\cos\alpha \qquad (3-8)$$

式中 σ——作用于剪切面上的正应力，MPa；

       τ——作用于剪切面上的剪应力，MPa；

       P——作用于剪切面上的总法向载荷，N；

       A——剪切面积，mm^2。

对于每一个角度，通过改变夹具的剪切角剪切试样可以确定试样的一对剪应力τ、正应力σ值，实验数据见表3-8，把这些值标在τ-σ坐标图中，通过试验数据点线性拟合可得到如图3-7所示的岩石抗剪强度曲线。部分破坏后的试件如图3-8所示。

表3-8 岩石抗剪强度

岩石种类	试件编号	直径/mm	高度/mm	夹具角度/(°)	破坏荷载/N	正应力/MPa	剪应力/MPa	内聚力C/MPa	内摩擦角ϕ/(°)
矿石	2-2	50.110	49.540	45	420706	119.835	119.835	34.765	39.094
	2-3	50.100	49.550	50	315114	81.593	97.239		
	2-4	49.950	49.530	55	264683	61.364	87.637		
	2-5	49.970	50.400	60	338589	67.221	116.430		
	2-6	49.950	49.140	65	90777	15.630	33.518		

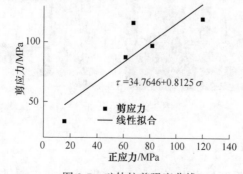

图 3-7 矿体抗剪强度曲线

图 3-8　部分破坏后的试件

3.2　帷幕体基本力学性质试验

本次试验参照《煤和岩石物理力学性质测定方法》（GB/T 23561.10—2010）及《煤和岩石抗剪强度测定方法》（GB/T 23561.11—2010）国家标准进行，用 425 号普通硅酸盐水泥浇筑 12 块 70.7mm×70.7mm×70mm 规格的标准试件，用 HY-40A 型水泥标准养护箱在 20℃、湿度 95% 条件下养护 28d，在 WEW-CTS600 型微机控制压力试验机进行抗压、抗拉、抗剪试验，获得帷幕体材料的抗压强度、抗拉强度、抗剪强度（C、ϕ 值）等力学参数。试验设备如图 3-9 所示。

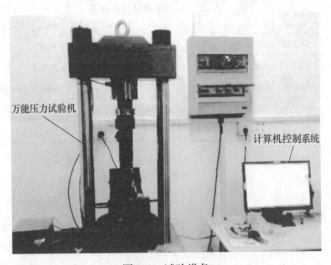

图 3-9　试验设备

3.2.1　单轴抗压实验

岩石的单轴抗压强度是指岩石试件在无侧限条件下，受轴向压力作用至破坏时，单位横截面积上所承受的最大压应力，一般简称抗压强度。它在岩体工程分类、建立岩体破坏判据、工程岩体稳定性分析、估算其他强度参数等方面都是必不可少的指标。

按式（3-9）计算帷幕体材料的单轴抗压强度：

$$\sigma_c = \frac{P}{A} \tag{3-9}$$

式中　σ_c——试件单轴抗压强度，MPa；

　　　　P——试件破坏荷载，N；

　　　　A——试件初始承压面积，mm^2。

通过计算，可以得到帷幕体材料的单轴抗压强度，见表3-9。

表 3-9　帷幕体材料抗压强度

试件编号	长 /mm	宽 /mm	高 /mm	载荷 /kN	抗压强度 /MPa	抗压强度平均值 /MPa
KY-1	70.1	70.1	70	44.6	9.08	
KY-2	70.1	70.1	70	45.6	9.28	9.31
KY-3	70.1	70.1	70	47.1	9.58	

本次试验试件破坏特征如图3-10所示，可以看到帷幕体材料的单轴抗压破坏形式为"X"状共轭斜面剪切破坏，这是最常见的破坏形式。这是由于帷幕体材料强度及刚度较小，属于典型的弹塑性模型，在受到单轴压缩后，内部受到剪切应力作用产生剪切破坏。

图 3-10　抗压破坏

3.2.2　单轴抗拉试验

按式（3-10）计算帷幕体材料的抗拉强度：

$$\sigma_t = \frac{2P}{\pi DH} \tag{3-10}$$

式中 σ_t ——岩石的抗拉强度，MPa；

       P ——试件破坏时的最大荷载，N；

       D ——立方体试件的高度，mm；

       H ——立方体试件的宽度，mm。

通过计算，可以得到帷幕体材料的单轴抗拉强度，见表 3-10。

表 3-10   帷幕体材料抗拉强度

试件编号	长 /mm	宽 /mm	高 /mm	载荷 /kN	抗压强度 /MPa	抗压强度平均值 /MPa
KL-1	70.1	70.1	70	6.3	0.82	
KL-2	70.1	70.1	70	5.3	0.69	0.78
KL-3	70.1	70.1	70	6.4	0.83	

3.2.3 剪切试验

岩石在剪切荷载作用下抵抗剪切破坏的最大剪应力称为岩石抗剪切强度，简称抗剪强度，是反映岩石力学性质的重要参数之一。

按式 (3-7) 和式 (3-8) 计算帷幕体各法向载荷下的法向应力和剪应力。通过计算，可以得到帷幕体材料的剪切强度，见表 3-11。

表 3-11   帷幕体材料剪切强度

试件编号	长 /mm	宽 /mm	高 /mm	夹具角度 /(°)	破坏荷载 /kN	正应力 /MPa	剪应力 /MPa	内聚力 C/MPa	内摩擦角 ϕ/(°)
KJ-1	70.1	70.1	70	40	38.1	5.95	4.99		
KJ-2	70.1	70.1	70		44.8	6.99	5.87		
KJ-3	70.1	70.1	70	50	35.9	4.70	5.60	2.9391	23.55
KJ-4	70.1	70.1	70		34.2	4.48	5.34		
KJ-5	70.1	70.1	70	60	21.1	2.15	3.72		
KJ-6	70.1	70.1	70		20.4	2.08	3.60		

把这些值标在 τ-σ 坐标图中，通过所得数据点线性拟合可得到如图 3-11 所示的岩石抗剪强度曲线。

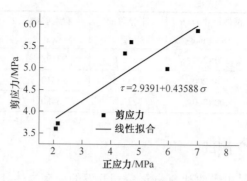

图 3-11　抗剪强度曲线

3.2.4　帷幕体试件含水量测试

本实验根据司家营铁矿东帮实际，以现场渗流出露处采集的卵石层材料为骨料，通过计算，加入与现场注浆等比例的水泥，模拟现场帷幕体，在材料构成与尺度上和现场实际帷幕体具有较好的物理与几何相似性。水泥采用 425 号普通硅酸盐水泥。依据矿山帷幕挡墙采用的旋喷浆液配比，试验选择配比为水∶灰∶卵石料=7∶9∶37。试件采用圆柱体形式，考虑现场卵石较大，为了更切合实际，试件规格选为直径 100m、高度 200mm。采用圆柱缸体浇筑试件，脱模后放入 HY-40A 型水泥标准养护箱，在 20℃、湿度 95% 条件下养护 28d。[119,120]

帷幕体单轴压缩破裂试验试件分为干燥、养护湿度、饱和三种，每种 3 块试件，采取干燥称重法，测定含水量。

按式（3-11）计算帷幕体试件的含水量：

$$w = \frac{g_1 - g_2}{g_2} \times 100\% \tag{3-11}$$

式中　w——岩石的天然含水率；

　　　g_1——保持天然水分的试件质量，g；

　　　g_2——烘干的试件质量，g。

通过计算，可以得到帷幕体试件的含水量，见表 3-12。

表 3-12　帷幕体试件含水量

试件类型	编号	试件尺寸 $D \times H$ /mm×mm	干燥质量 /g	含水质量 /g	含水率 /%	含水率平均值 /%
养护湿度	yh-1	100×200	3253	3503	7.69	7.90
	yh-2	100×200	3246	3499	7.79	
	yh-3	100×200	3216	3480	8.21	

续表 3-12

试件类型	编号	试件尺寸 $D×H$ /mm×mm	干燥质量 /g	含水质量 /g	含水率 /%	含水率平均值 /%
饱和	bh-1	100×200	3232.6	3498	8.21	
	bh-2	100×200	3249.3	3510	8.02	8.09
	bh-3	100×200	3220.6	3480	8.05	

3.3　现场岩体力学测试

ShapeMetriX3D 是由奥地利 Startup 公司开发的一套岩体几何参数三维不接触测量系统，它可以提供详细的三维图像，通过三维软件可获得岩体大量、翔实的几何测量数据，记录边坡隧道轮廓和表面实际岩体不连续面的空间位置，确定采矿场空间几何形状，确定开挖量、危岩体稳定性鉴定、块体移动分析等。

该系统由一个可以进行高分辨率立体摄像的校准单反变焦相机（尼康 D300S，4288×2848 像素）、进行三维图像生成的模型重建软件和对三维图像进行交互式空间可视化分析的分析软件包组成。从 2 个不同角度对指定区域进行成像并通过像素匹配技术进行三维几何图像合成（图 3-12）。软件系统通过对不同角度的图像进行一系列的技术处理（基准标定、像素点匹配、图像变形偏差纠正），实现实体表面真三维模型重构，在计算机可视化屏幕上从任何方位观察三维实体图像；通过计算机鼠标进行交互式操作实现每个结构面个体的识别、定位、拟合、追踪以及几何形态信息参数（产状、迹长、间距、断距等）的获取，并进行纷繁复杂结构面的分级、分组、几何参数统计（图 3-13）。

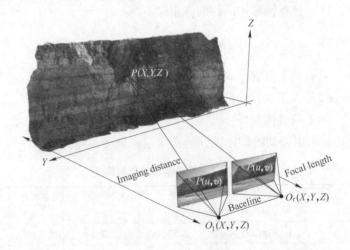

图 3-12　立体图像合成原理

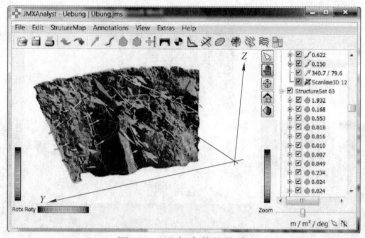

图 3-13 几何参数的统计

该系统的两大优点：

（1）解决了传统现场节理地质测量低效、费力、耗时、不安全，甚至难以接近实体和不能满足现代快速施工的要求的弊端，真正做到现场岩体开挖揭露面的即时定格和精确定位。

（2）采用传统方法对现场真正需要测量的具有一定分布规律和统计意义的 Ⅳ 和 Ⅴ 级结构面几何形态数据无法做到精细、完备、定量的获取，该系统完全可以胜任，使得现场的数据可靠性和精度满足进一步分析的要求。

这种系统实质上是基于数字图像相关技术，将岩体数字信息进行整理，得到岩体结构产状等信息。在实际使用中，通过原位测量真实记录保存现场三维图像及数据，之后用配套软件进行后期 3D 处理、测量分析，得到节理岩体的不连续地质信息。

本次边坡结构面测试主要位于研山铁矿−12～12m 标高水平，由于现场条件限制（东帮边坡多浮土覆盖，目前无揭露的可供测量结构面），本次勘测共选取7 个测点，其中 12m 水平北帮选取 1 号测点，0m 水平选取西帮 2～5 号共 4 个测点，−12m 水平选取南帮 6 号、东南帮 7 号共两个测点，具体测点位置如图 3-14所示[118]。

以边坡北帮 12m 水平岩体的结构面信息统计为例来进行说明。现场获取的左视图、右视图如图 3-15 所示，将左右两视图导入 ShapeMetrix3D 软件分析系统，圈定出重点测量区域，系统采用像素点匹配、图像变形偏差纠正等一系列技术，对三维模型进行合成以及方位、距离的真实化，得到岩体表面的三维视图（图 3-16）和节理分布图（图 3-17）。

在合成的三维图上，根据主要节理裂隙分布情况，及 3GSM 分组原则对其进行分组，不同颜色代表不同的组，将裂隙分为三组。迹线分别如图 3-17 所示。

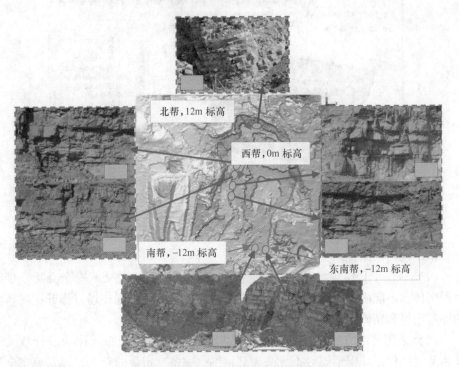

北帮,12m 标高

西帮,0m 标高

南帮,-12m 标高

东南帮,-12m 标高

图 3-14　测点的空间位置示意图

a　　　　　　　　　　　　　　　　　b

图 3-15　获取的左、右视图

a—左视图；b—右视图

不同的迹线按照点的空间关系，根据一定的计算法则，可以将其产状计算得出，自动存储在数据库中，相关的各自地质信息可以以 ∗ . CSV 的格式导出。同时，该三维图也可以导出 ∗ . dxf 文件，最终转化为 AutoCAD 格式文件，便于进行编辑。

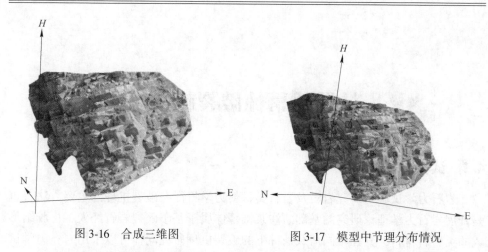

图 3-16　合成三维图　　　　　　　图 3-17　模型中节理分布情况

该系统可根据结构面的空间展布及分组情况，绘制出赤平极射投影图（图 3-18）。根据赤平投影图，可求出结构体的各个面的实际面积，求出结构体的体积和质量，并进行稳定性分析计算。

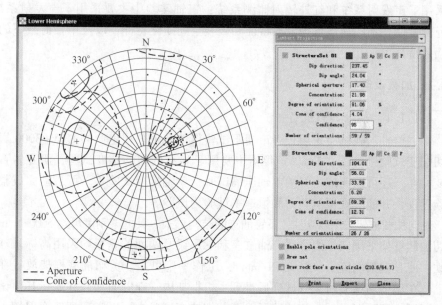

图 3-18　赤平极射投影图

根据结构面调查以及矿岩岩体力学试验数据分析，研山铁矿的矿岩稳定性级别大体可分为 2 级，从中等稳定到一般稳定。整体上，研山铁矿岩体节理结构面发育，岩体较破碎，岩体主要为中等稳固到一般稳固。

4　注浆帷幕体破裂机理试验研究

4.1　试验概述

　　岩石力学试验是研究岩石及岩石类材料力学特征、破裂机理的主要方法，也是开展岩石力学理论研究的基础。注浆帷幕体属于基于碎裂岩石经人工再胶结形成的类岩石材料，其在不同荷载条件下的破裂机理研究同样可以采用岩石力学试验方法开展。本书研究的高富水特厚冲积层边坡注浆帷幕体，处在露天开采荷载作用、原岩应力和渗流应力等复杂应力条件下，其破裂机理研究应考虑应力条件的影响，为此针对注浆帷幕体开展单轴和常规三轴力学试验。在帷幕体单轴实验中采用了声发射系统和红外辐射监测系统；三轴实验中主要采用了声发射系统，研究帷幕体在不同荷载下声发射特征和破裂空间演化特征，以及单轴荷载下的红外辐射特征。

4.1.1　加载设备

4.1.1.1　单轴加载设备

　　本书单轴加载试验采用长春市朝阳试验仪器有限公司生产的 RJW-3000 岩石剪切蠕变试验机（图 4-1a）。该仪器主要用于岩石的剪切蠕变试验，研究岩石的蠕变特性，还可以完成岩石的单轴压缩试验、单轴蠕变试验等。可自动完成整个试验过程，并能实现恒试验力和恒速率试验力试验。

　　轴向加载框架采用四立柱、下置油缸的结构形式。其框架刚度可达 5000kN/mm。剪切加载框架采用四框组合式，油缸座和承压梁及两面的侧板均采用高标号球墨铸铁，使其框架刚度大（2000kN/mm），工作平稳可靠。剪切加载框架放置在导轨上，在做剪切试验时装好试样后推到主机框架内，在轴向加载并保持其恒试验力控制后，即可以进行剪切试验了。在剪切蠕变试验中可以实现恒速率剪切力控制和恒剪切力控制（剪切蠕变）等试验。

　　轴压、剪切力加载原理是相同的，都是由 EDC 控制器发出加载信号，驱动交流伺服电机经减速机带动滚珠丝杠，推动加压缸的活塞。加压缸内的液压油随着活塞的位置移动向加载缸注入高压油。控制加压缸的活塞位置，就可控制轴压和剪切力。停电时可以通过手动调整加压系统（1h 调整不超过 10 次）保证轴压和剪切力都保持不变。

　　加载参数设置与加载过程：对帷幕体单轴压缩加载，共进行了 3 组 15 块帷幕体试块试验，采用位移控制加载，加载速率为 0.3mm/min，加载至试块完全破坏结束，以获得试块全应力应变曲线和完整破坏过程。

a　　　　　　　　　　　　　　　b

图 4-1　加载设备

a—单轴试验机 RJW-3000；b—常规三轴试验机 TAW-3000

4.1.1.2　三轴加载设备

　　三轴试验机是目前岩土领域里对岩石和土壤进行科学研究、工程检测时常用的试验和检测设备。本书试验采用长春市朝阳试验仪器有限公司生产的 TAW-3000 常规三轴岩石试验机（图 4-1b）。岩石三轴试验机的控制系统采用德国进口原装全数字伺服控制器（DOLI 公司 EDC-120）；主机为刚性加载框架（最大主机加载框架刚度为 15GN/m）；可提供轴向力 3000kN、围压 100MPa 和渗透水压 60MPa 的技术指标。这种试验机可以完成单轴状态下和三轴状态下的强度试验、松弛试验、蠕变试验、全过程破坏试验等；可以完成三轴状态下的高低温试验，孔隙水压试验，也可以完成单轴状态下岩石的间接拉伸试验和直接拉伸试验。可以检测岩石的抗压强度、泊松比、弹模、剪切强度、孔隙水渗透指数、声波传递系数及高低温环境下岩石的抗压强度、泊松比、弹模等参数；还可以检测冻土的抗压强度、泊松比、融水指数等参数。可以画出应力-应变全过程曲线，及其他各种相关参数曲线。全部的试验过程都是在计算机控制下进行的，具有很高的自动化程度。

　　加载参数设置与加载过程：在帷幕体常规三轴荷载试验中，首先对试样进行封闭处理，将试样用热缩管裹紧以防止高压油浸入；然后放入三轴压力室内进行试验，如图 4-2、图 4-3 所示。

　　在力学上根据帷幕体所处深度进行围压设计，以模拟现场的地应力。本书试验根据帷幕防渗挡墙所在深度，考虑一定安全储备，将 18 块帷幕体试样分成三组分别进行了围压分别为 1MPa、2MPa、3MPa 下的常规三轴压缩声发射试验。

图 4-2　热缩管裹紧的试样

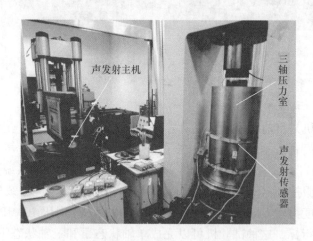

图 4-3　TAW-3000 试验机及声发射测试系统

试验时先预加载，以 10N/s 的速率将围压分别加至 1MPa、2MPa、3MPa；再加孔隙水压，以 30N/s 的速率将水压加至 0.7MPa；最后加轴压，以 20N/s 的速率将轴压加至 2kN。开始试验时，以位移控制方式增加轴压，轴向位移加载速率为0.3mm/min，目标值为 7mm。

4.1.2　声发射系统

4.1.2.1　声发射系统简介

帷幕体试验采用美国物理声学公司 PAC（Physical Acoustic Corporation）生产的 PCI-2 型全数字化声发射测试分析系统（图 4-4）。PCI-2 卡有两个通道，能同时实现特征参数提取和波形处理。该系统具有 18 位的 A/D 转换速率、1~3000kHz 的频率范围，是新型的声发射研究工具。

PCI-2 卡主要特性如下：

（1）低噪声、低功耗、内置波形及 HIT 处理器的 2 个声发射通道集成在一块标准的 32 位 PCI 板卡上，非常适用于实验室研究。

（2）内置 18 位 A/D 转换器和处理器更适用于低幅度、低门槛值的设置。

（3）4 个高通、6 个低通滤波器，通过软件控制可选择滤波范围。

（4）频带宽度可达 1kHz~3MHz。

（5）采样频率最高可达 40MHz、18 位的 A/D 转换器可对采样进行实时分析且具有更高的信号处理精度。

（6）每个通道上由声发射特性实时处理 FPGA 硬件进行高速信号处理。

（7）PCI 总线和 DMA 技术进行数据传输、存储；PCI-2 上装有数据流量器，可将声发射波形连续存入硬盘，速度可达 10M/s。

（8）每块板卡上有 2 个外参数输入通道，更新速度可达到 10K/s。

（9）并行多个 FPGA 处理器和 ASIC Ic 芯片，可提供非常高的性能。

（10）数字信号处理器可达到高精度和可信度的要求。

（11）该系统除了具有全部的声发射功能外，还可以作为通用的数字信号处理卡和高性能的研发工具。

（12）可提供 Labview/C ++驱动开发程序。

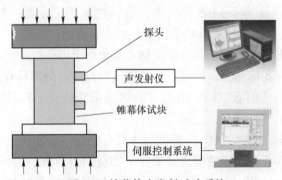

图 4-4　帷幕体声发射试验系统

与 PCI-2 系统配套的软件 AEwin 是 32 位的 Windows 软件，可以运行于 PAC 公司的 DiSP、SAMOS、PCI-2、MISTRAS 和 SPARTAN 等产品上，进行数据采集和重放。AEwin 充分利用 Windows 的资源，包括 Windows 下可以进行的屏幕分辨率调整、打印、网络、多任务、多线程等操作，它可以在 Windows98/ME/2000/XP 等操作系统下运行。AEwin 完全兼容 PAC 公司的标准数据（.DTA）文件，可以在新版软件中重放及分析所有以前采集的数据。AEwin 软件容易学习、操作及使用，不但具有采集、图像及分析等全面功能，而且增加了许多更新的增强功能以简化数据分析及显示任务。在桌面上还可以同时运行多个 AEwin 窗口界面，可以让其中一个进行数据采集和实时显示，另外一个或几个进行已有数据的重放和分析。AEwin 不但包括一些通用的声发射显示和分析功能，而且包括更多实用的功能，如：AEwin 提供一个界面，它可以非常容易地增加显示图形或把图形屏幕复制传给 Window 系统。AEwin 还有非常方便的行列表显示功能，其可以卷上或卷下浏览，并在任何时间、任何屏幕下打开或关闭。AEwin 有多种用户自行选择的工具栏，包括设置图标工具、采集控制、行列表显示、状态工具栏及统计工具栏等。AEwin 还具有许多增强功能，如图形缩放及平移，更方便的图形设置功能，多图显示，滤波功能（包括图形滤波和 POST 滤波）。打印功能包括图形打印，可以将一个图、一个屏幕或多个屏幕打印输出到 Windows 或网络打印机，还可以输出到剪贴板或保存成 .jpg 图像文件。一些 AEwin 的图形功能包括：

（1）出色的 2D 和 3D 图形功能，一个屏幕同时显示多幅图形，数量只受到显示器本身的分辨率限制。

（2）一个屏幕上的每个图形均可分别设置大小，以有利于排列方便。用户可以设置一个（或多个）大图，旁边或周围伴有多个小图以突出其重要性。

（3）一个屏幕层上可以按照用户的期望排列多个图形，也可以在多个屏幕层上设置不同的图形，为每个屏幕层的标签各自命名，所以用户可以按照相关的主题为每个屏幕层设置不同的布局，如定位和聚类分析、波形分析、声发射活性分析、声发射特征参数相关分析、报警分析等。

（4）可以设置许多不同类型的图，包括柱状图、点图、3D 图、波形图、FFT 图，还可在一幅图中显示可选不同颜色的多重点图，等等。

（5）通过点击某个键即可非常简单地最大化每个图形。

（6）通过鼠标光标移动，所有不论是连续的或是点图都具有光标读出能力。

（7）所有图形（包括 2D 和 3D 图）均可无限缩放及平移以进行局部仔细观察分析。

根据定位要求的不同，AEwin 标准版本只有区域定位和线定位两个模式，当选择"全定位"软件时，定位模式又增加了 2D 面定位功能；另外，还有一个三维定位可选项和一个球形三维定位选项，定位功能的关键特征如下：

（1）标准 8 个定位组（32 个可选），每个组可以应用声发射系统中所有的通道。鼠标操作探头位置设定，探头位置可以人为的用点击或拖拽鼠标来实现，三角形探头布置自动设置，还可简单的通过拖放或输入探头位置坐标于坐标列表中编辑探头位置。

（2）多样的一维、二维及三维定位模式。

（3）柔性聚类分析，聚类分析报告及聚类统计在任何点图中均可用（不只局限于定位图）。

（4）用户可通过轻松的设置以显示选择的不同定位结构。可选择项包括：板类、立式容器、卧式容器、球形以及自由方式等，为轻松设置以上每种结构均有详细的对应设置菜单，包括自动或手动探头布置、焊缝、管嘴等。

（5）通过轻松的设置可显示定位设置及结果的平面展开图，包括探头、网格线、衰减图、焊缝及管嘴等。

（6）高级定位设置能够提供改进的事件检测分级及精确源定位技术。

4.1.2.2 声发射系统参数设置

传感器拾取的声发射信号经前置放大和主放后，由声发射仪进一步处理成声发射表征参数（振铃计数、振铃计数率、能量计数、能率等）。本次试验过程中，传感器采用R6α型，谐振频率为90kHz，工作频率范围为35~100kHz；PCI-2系统设定的门槛电压为40dB；前置放大器的型号为2/4/6，增益设定为40dB，频带范围为20~1200kHz；采样频率为1MHz；PDT（峰值限定时间）、HDT（撞击限定时间）、HLT（撞击锁定时间）设定值分别为100μs、200μs、300μs。

在帷幕体声发射定位试验中，为了定位准确采用8个声发射探头进行检测。在单轴试验中，声发射探头直接放置在帷幕体试块上，在探头与试块之间用凡士林耦合，并采用橡皮带固定。在常规三轴试验中，声发射探头放置在三轴压力室外壁上，在探头与缸壁之间用凡士林耦合，采用橡皮带固定，以减少声发射信号的衰减。实验时，保持加载系统与声发射监测系统同步进行，监测帷幕体试样受力过程声发射参数特征随时间的变化过程，并进行微破裂的空间定位。

由于声发射传感器布设在三轴室外壁，来自帷幕体试样的声发射信号通过帷幕体试样、液压油、液压室缸体的复合介质传输，因此声发射信号处理要考虑复合介质影响，考虑到这种复合体中液压油包裹试样以及缸体外壁厚度较小，以液压油介质为主，故在声发射接收信号处理时，采用了液压油波速作为复合介质波速，虽然有一定信号损失，但基本上可保证采集信号的相对准确。

声发射探头布置如图4-5所示。

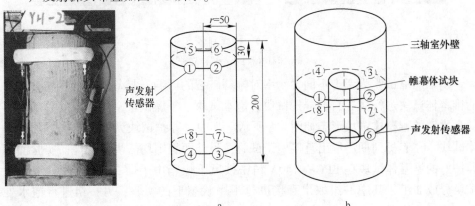

图 4-5 声发射探头布置图

a—单轴荷载试验；b—常规三轴荷载试验

4.1.3　红外辐射监测系统

本试验的红外测量设备采用的是德国英福泰克（InfraTec）公司 ImageIR 8325 型高端红外成像系统，具有帧频高、灵敏度高、测量精度高、解析度高等特性。ImageIR 8325 高端红外成像系统分别采用 320 像素×256 像素和 640 像素×512 像素光子型焦平面探测器，响应光谱范围包括短波、中波、长波。其成像速率在满帧状态下最高可达 250Hz，在使用子窗模式时可提高成像速率。红外辐射监测设备如图 4-6 所示。

图 4-6　红外辐射监测设备

4.1.4　帷幕体试样制备

本实验所用的帷幕体试块制备条件详见 3.2.4 节。试样制备如图 4-7 所示。

图 4-7　试样制备

a—卵石骨料；b—试样养护

单轴压缩试验为考虑不同含水率对帷幕破裂的影响，制备了三组不同含水率的帷幕体试块进行实验，即养护试块、饱水试块、干燥试块，每组 5 块。三种不同含水率的帷幕体试块形态如图 4-8 所示。其中，养护试块为养护条件下的帷幕体试块，在养护到期后取出直接用于试验；另外两组则均需烘干处理，实验前把养护好的帷幕体试块在 BPG-9140A 精密鼓风干燥箱中干燥 24h。干燥处理后的试块分成 2 组，其中一组取出直接进行干燥状态下的实验；另一组进行饱水处理，将试块置于水中浸泡 24h 后取出进行实验。经计算测得帷幕体干燥试块、养护试块、饱水试块的含水率分别为 0、7.90%、8.09%。

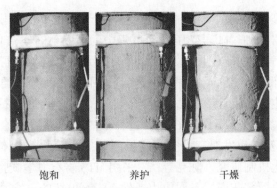

饱和   养护   干燥

图 4-8 不同含水率试块

常规三轴压缩试验直接采用养护好的帷幕体试块，考虑不同围压影响分为 3 组，每组 6 块。

4.2　单轴压缩荷载帷幕体破裂特征研究

4.2.1　岩石单轴受压破裂声发射与红外辐射研究

声发射（acoustic emission，AE）是材料受到外力或内力作用时，由于自身的形变和裂纹扩展造成其内部弹性能量迅速释放而产生瞬态弹性波的一种物理现象。我们肉眼无法观测到在开采荷载作用下导致的帷幕体内部微裂隙，通过声发射探测设备可以捕捉到微裂隙在空间的发展过程。声发射特性、微破裂声发射定位分析是岩石类材料裂隙空间演化研究的重要方法。

声发射特性参数可以间接表征研究岩石单轴受压破坏过程。李术才等[121]提出利用电阻率和声发射技术对砂岩岩样单轴压缩全过程进行联合测试的试验方法，以描述砂岩损伤破坏过程。刘保县等[122]对单轴压缩煤岩声发射特性进行试验研究，提出了基于"归一化"累计声发射振铃计数的损伤变量，建立了煤岩损伤模型。姜德义等[123]开展了不同应变率条件下盐岩损伤演化及声发射参数特征试验研究，建立了基于声发射信号累计振铃数的盐岩损伤演化方程。陈宇龙[124]等利用 MTS 岩石力学试验系统和 PAC 声发射信号采集系统，研究了砂岩在单轴压缩条件下应力-应变全过程的声发射特征以及加载速率对其影响。姚强岭等[125]开展了不同含水率下砂岩单轴压缩声发射计数与应力发展对应关系研究。唐书恒等[126]通过饱和含水煤岩单轴压缩破裂实验以及声发射测试研究，将煤岩压裂过程分为进裂型、破裂型和稳定型三大类。张朝鹏等[127]通过单轴受压煤岩声发射试验研究，分析了不同层理方向煤岩体的损伤演化规律及变形破坏中的声发射特征。

声发射定位技术在岩石破裂空间时空演化规律研究中发挥了重要作用，是进一步揭示岩石破裂机理的试验基础。刘建坡等[128]采用单轴加载声发射试验，对预制孔粗粒花岗岩和细粒砂岩受压破裂过程中的声发射时空演化规律进行研究。裴建良等[59]基于声发射定位技术对含自然裂隙大理岩岩样进行单轴压缩条件下的声发射（AE）测试，结合 AE 振铃数实现对不同空间分布类型自然裂隙时空演化过程的精确定位和追踪。李浩然等[129]自主研发了一套岩石声波、声发射一体化同步测试装置，用于研究岩石破裂过程中的超声波波速值和声发射活动规律。左建平等[62]基于声发射三维空间定位测试，开展了煤岩体破裂过程中声发射行为及时空演化机制研究。陈亮等[130]采用 MTS 岩石力学试验系统及声发射监测系统，开展北山深部花岗岩不同应力条件下岩石破坏的声发射特征研究。

随着红外辐射监测技术发展，岩石破裂红外辐射研究成果日益丰富。邓明德等[131]较早开展了岩石红外辐射温度随岩石应力变化规律和特征以及与声发射率的关系研究。刘善军等[132]以花岗闪长岩和大理岩试件单轴加载红外观测实验为例，对岩石破裂前红外热像的时空演化特征进行了分析。此后，刘善军等[133]以含孔岩石试样加载过程热成像观测试验结果为例，探讨岩石加载过程表面红外辐射温度场演化的定量分析方法。谭志宏等[134]通过红外热像仪对预制单裂纹缺陷的花岗岩板状试样单轴压缩载荷下破裂过程的红外热像进行了试验研究。来兴平等[135]构建了急倾斜坚硬岩柱模型，采用声发射和红外热像综合监测，研究了开采扰动作用下岩柱破裂过程中的声发射与温度演化规律。杨桢等[136]对由顶板岩、煤层、底板岩组成的复合煤岩体受载破裂内部的红外辐射温度的变化规律进行研究。岩石红外辐射监测技术成为岩石破裂机理研究的有效手段。

基于上述研究，本书帷幕体单轴加载试验采用声发射与红外辐射联合监测方法，开展帷幕体破坏特征和裂隙空间分布特征研究；进行三组不同含水率的实验，分别为养护试块、饱和试块和干燥试块。

4.2.2　帷幕体声发射演化规律

帷幕体破坏过程中声发射特征与帷幕体内部损伤裂隙扩展密切相关，帷幕体声发射事件率和能率是反映帷幕体破坏的重要参数。根据帷幕体单轴压缩荷载试验结果，选取声发射事件率、能率为参量，绘制了饱和状态下、养护状态下和干燥状态下的帷幕体应力-时间、AE 事件率-时间曲线、声发射能率-时间曲线。

4.2.2.1　饱和状态下的帷幕体试块结果分析

由图 4-9a 和图 4-9c 可以看出，bh-1 与 bh-3 的事件率变化规律大致相似，声发射事件率主要集中出现在应力至峰值历时的 10% ~ 80% 时段内，并不断波动。试块表现出初始声发射较早、声发射频度高的群发性特征，这与帷幕体的物质组成以及内部结构有一定联系，帷幕体试块由水、水泥和卵石料组成，由于内部各卵石料的性质差异和颗粒间连接的不均性以及结构内部存在的天然缺陷，致使帷幕体试块对应的力作用敏感，在载荷作用下内部微裂纹扩展活跃，表现为声发射活动比较丰富。

声发射能率的大小代表了岩石损伤过程中单位时间内释放能量的多少，是一个反映岩石声发射信号能量强弱的参数。由图4-9b和图4-9d可见，bh-1较bh-3的能率最大值相差不多，bh-3声发射能率在前期维持在较低而平稳的状态，试块处于储能阶段；在大破裂前能量突然释放，声发射能率急剧增加。同时能率最大值与事件率最大值产生的时间段大致相同。

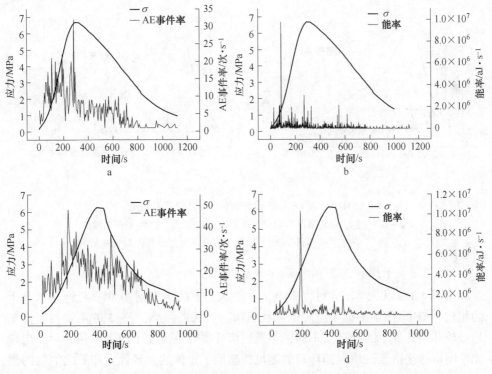

图4-9 饱和状态下帷幕体单轴试验声发射图

（1aJ = 10⁻¹⁸J）

a—bh-1应力、AE事件率-时间曲线；b—bh-1应力、能率-时间曲线；
c—bh-3应力、AE事件率-时间曲线；d—bh-3应力、能率-时间曲线

4.2.2.2 养护状态下的帷幕体试块结果分析

由图4-10a和图4-10c可以看出，养护状态下的声发射事件率与饱和状态下的相比从时间上看AE事件率的峰值提早了，应力峰值较饱和状态下的小了一些。由图4-10b和图4-10d可见，养护状态下的声发射能率的峰值较饱和状态下的也提早了，说明含水量的大小在一定范围内对声发射事件有一定程度的影响。

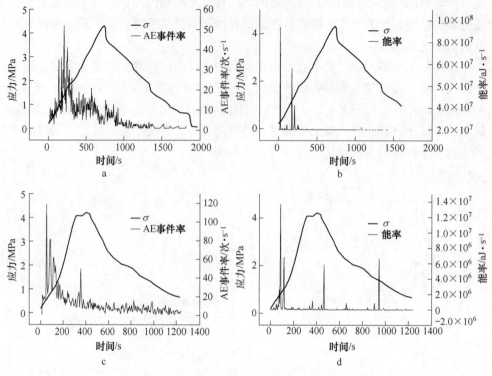

图 4-10　养护状态下帷幕体单轴试验声发射图

a—yh-1 应力、AE 事件率-时间曲线；b—yh-1 应力、能率-时间曲线；

c—yh-3 应力、AE 事件率-时间曲线；d—yh-3 应力、能率-时间曲线

4.2.2.3　干燥状态下的帷幕体试块结果分析

由图 4-11a 和图 4-12a 可以看出，养护状态下的声发射事件率与饱和状态下的相比，AE 事件率的最大值较饱和状态和养护状态都小，gz-3 的声发射事件率趋势较其他条件下的都有所不同，声发射事件率峰值落在了应力峰值之后，出现此情况可能是由于试块内部卵石的随机性造成了个体的差异性，卵石之间的内聚力比较大，内部比较密实，反应迟缓。应力峰值较其他条件下的也是最小。由图 4-11b 和图 4-12b 可见养护状态下的声发射能率的峰值出现时间较其他状态下的都落后了一些，最大值也较其他条件下的小，说明干燥条件下的帷幕体的稳定性较差，比较容易被破坏，可以承受的最大应力也最小。

帷幕体强度是表征帷幕稳定性的重要指标。这里依据典型的不同含水率下帷幕体试块单轴压缩应力-时间关系曲线（图 4-13）研究帷幕体强度特征。试块在饱水状态下强度最大，应力峰值时刻出现的最早；在养护状态下的帷幕体强度次之，在干燥状态下的帷幕体试块强度最低。以上的试验结果可以解释如下，干燥帷幕体试块的抗压强度之所以低于饱和帷幕体试块、养护帷幕体试块的抗压强

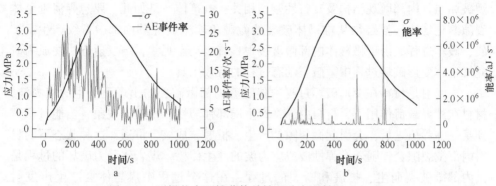

图 4-11 干燥状态下帷幕体单轴试验声发射图（gz-1）

a—gz-1 应力、AE 事件率-时间曲线；b—gz-1 应力、能率-时间曲线

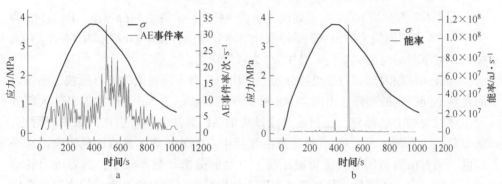

图 4-12 干燥状态下帷幕体单轴试验声发射图（gz-3）

a—gz-3 应力、AE 事件率-时间曲线；b—gz-3 应力、能率-时间曲线

度，第一是由于帷幕体在干燥过程中水分快速逸出，导致帷幕体试块损伤使得强度损失，但损失不多；第二是结晶膨胀提高了帷幕体的密实度，从而使含水状态下帷幕体试块的强度有所增加；第三是因为饱和帷幕体试块中水泥的黏性作用延缓了帷幕体试块的破坏，使得饱和帷幕体试块的抗压强度较养护帷幕体试块、干燥帷幕体试块的强度有所提高。

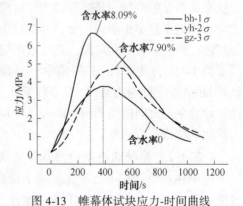

图 4-13 帷幕体试块应力-时间曲线

4.2.3 基于声发射定位的帷幕体裂隙空间演化分析

岩石裂隙演化研究一直是岩石力学等学科的研究热点和难点之一，岩石的宏

观破坏与其内部微观结构及其特性密切相关，帷幕体亦是如此。要想弄清帷幕体裂隙演化规律，就必须从帷幕体破裂的微观角度来研究其内部微裂纹产生、扩展、破坏过程。由于帷幕体内部微破裂很难直接动态观测，声发射方法便成为研究帷幕体变形破坏过程中微破裂动态过程的有效工具。

声发射是材料在变形破坏过程中伴随着局部微破裂的出现而产生的应力波，材料在外界载荷作用下，材料内部将产生局部弹塑性能量集中现象，当能量积聚到某一临界值之后，会引起微裂隙的产生、扩展、成核、贯通，这种状态下的材料内部微裂隙会伴随着有弹性波或应力波的产生传播，煤岩体受力破坏的过程是其内部微破裂萌生、扩展和断裂的过程，在这个过程中煤岩体会产生声发射现象。

4.2.3.1　饱和状态下的帷幕体试块结果分析

图 4-14a 为试块 bh-1 在不同应力阶段 AE 事件阶段空间分布图，图 4-14b 为试块 bh-1 在不同应力阶段 AE 事件累计空间分布图，图 4-14c 为试块 bh-1 应力、撞击计数率与时间的关系图，其中 σ_c 为峰值应力。

帷幕体试块内部卵石随机性分布，试块中含有不同粒级的卵石颗粒，颗粒之间存在不同级别的裂隙。由图 4-14b 可见在饱和状态下 bh-1 声发射事件大部分发生在试块的上半部分。在初始阶段试块的 AE 事件大都集中在区域中心附近，随着荷载的不断加大，AE 事件逐渐由区域中心向外扩散。开始加载的应力水平较低，原有微裂隙闭合，试块被压密，声发射撞击计数率较小；随着应力的增加，孔隙被完全压密后，从弹性状态进入塑性状态，同时伴有大量的声发射事件产生。声发射撞击率达到最大值，声发射事件大都集中在区域中心位置；之后是非稳定破裂发展阶段，是帷幕体塑性阶段。进入本阶段后，试块内部大量微裂隙产生，并呈不稳定扩展、汇合，直至试块破坏。声发射事件逐渐由区域中心向外部扩散；最后为破裂后阶段，此阶段的撞击计数率达到最小值。

图 4-15a 为试块 bh-3 在不同应力阶段 AE 事件阶段空间分布图，图 4-15b 为试块 bh-3 在不同应力阶段 AE 事件累计空间分布图，图 4-15c 为试块 bh-3 应力、撞击计数率与时间的关系图。bh-3 与 bh-1 的声发射空间分布情况大致相同，撞击计数率峰值滞后一些。

4.2.3.2　养护状态下的帷幕体试块结果分析

图 4-16a 为试块 yh-2 在不同应力阶段 AE 事件阶段空间分布图，图 4-16b 为试块 yh-2 在不同应力阶段 AE 事件累计空间分布图，图 4-16c 为试块 yh-2 应力、撞击计数率与时间的关系图。养护试块 AE 测试结果，与饱和状态下的试块相比，仍然保持上下分开为两部分的状态，但声发射事件分布更为密集，较饱和水状态下的帷幕体试块比，试块下部 AE 事件增多。声发射事件形成一个上下点数对等的枣核形状的破裂区。

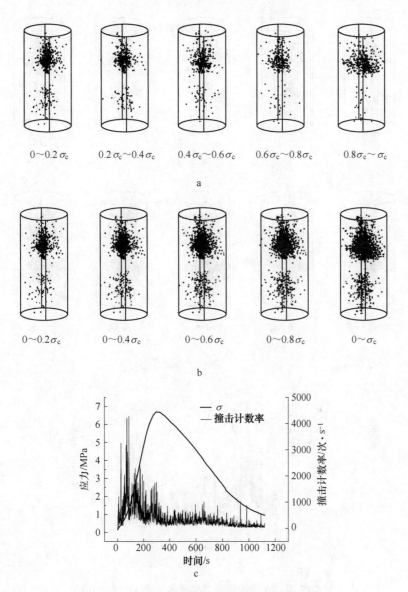

$0\sim0.2\sigma_c$ $0.2\sigma_c\sim0.4\sigma_c$ $0.4\sigma_c\sim0.6\sigma_c$ $0.6\sigma_c\sim0.8\sigma_c$ $0.8\sigma_c\sim\sigma_c$

a

$0\sim0.2\sigma_c$ $0\sim0.4\sigma_c$ $0\sim0.6\sigma_c$ $0\sim0.8\sigma_c$ $0\sim\sigma_c$

b

c

图 4-14 bh-1 饱水状态下帷幕体试块 AE 测试结果

a—不同应力阶段 AE 事件阶段空间分布；b—不同应力阶段
AE 事件累计空间分布；c—应力 σ、撞击计数率与时间的关系

加载初期，经过初始压密、弹性变形阶段，声发射撞击计数率处于较低值，声发射事件也大都集中在试块中心；之后进入帷幕体的塑性阶段。进入本阶段后，裂隙沿卵石表面扩展剥离，在剪切面上有卵石被切断的现象；声发射撞击计数率达到最大值，进入此阶段后，试块内部大量裂隙产生，帷幕体表面出现明显

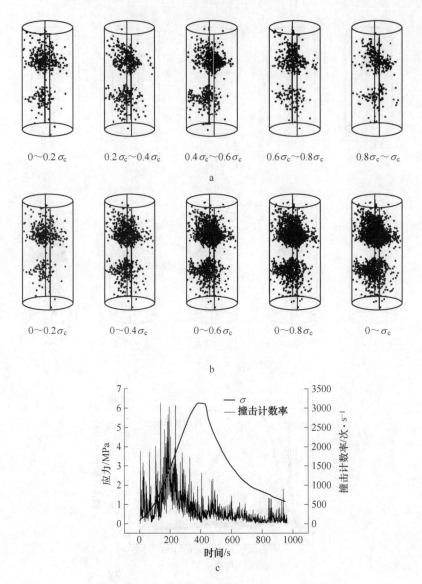

图 4-15　bh-3 饱水状态下帷幕体试块 AE 测试结果

a—不同应力阶段 AE 事件阶段空间分布；b—不同应力阶段

AE 事件累计空间分布；c—应力 σ、撞击计数率与时间的关系

裂隙，声发射事件已开始逐渐向外扩散；随着荷载的增加，试块的破裂持续发展，尺度延伸范围贯穿试块整体，形成较大的宏观破裂。

图 4-17a 为试块 yh-3 在不同应力阶段 AE 事件阶段空间分布图，图 4-17b 为试块 yh-3 在不同应力阶段 AE 事件累计空间分布图，图 4-17c 为试块 yh-3 应力、

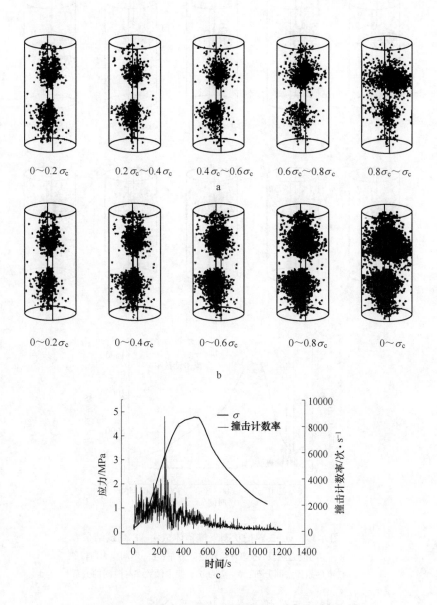

图 4-16　yh-2 养护状态下帷幕体试块 AE 测试结果

a—不同应力阶段 AE 事件阶段空间分布；b—不同应力阶段
AE 事件累计空间分布；c—应力 σ、撞击计数率与时间的关系

撞击计数率与时间的关系图。yh-3 与 yh-2 的声发射空间分布情况大都集中在试块的左半部分，考虑可能是由于试块个体的差异性造成的；撞击计数率峰值也提前一些。

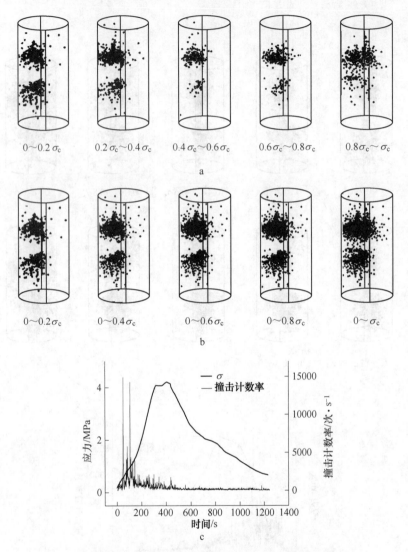

图 4-17　yh-3 养护状态下帷幕体试块 AE 测试结果

a—不同应力阶段 AE 事件阶段空间分布；b—不同应力阶段
AE 事件累计空间分布；c—应力 σ、撞击计数率与时间的关系

4.2.3.3　干燥状态下的帷幕体试块结果分析

图 4-18a 为试块 gz-1 在不同应力阶段 AE 事件阶段空间分布图，图 4-18b 为试块 gz-1 在不同应力阶段 AE 事件累计空间分布图，图 4-18c 为试块 gz-1 应力、撞击计数率与时间的关系图。干燥试块 AE 测试结果，与饱和状态下、养护状态下的试块相比，仍然保持上下分开为两部分的状态，但声发射事件分布最为稀疏。这是由于注浆岩块内部含有不同粒径配比的砂卵石，这些砂卵石与混凝土之

间形成了许多大小不一的孔隙，这种不连续的介质影响了声发射弹性波的传播，使得声发射事件在干燥的帷幕体试块中出现的最少。

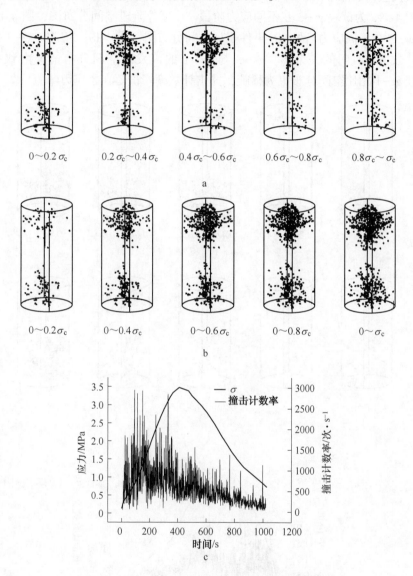

图 4-18　gz-1 干燥状态下帷幕体试块 AE 测试结果

a—不同应力阶段 AE 事件阶段空间分布；b—不同应力阶段
AE 事件累计空间分布；c—应力 σ 、撞击计数率与时间的关系

加载的应力水平较低时，试块被压密，声发射撞击计数率较小，几乎无声发射事件发生；随着应力的增加，声发射事件开始出现，但从试块破坏应力和破坏时间看都比其他两组试块应力小，时间短。由以上三组试块可以看出，含水率越

低，帷幕体试块弹性变形阶段持续时间越长；卸载阶段，声发射事件撞击计数率达到最大值，裂隙继续扩展。

图 4-19a 为试块 gz-3 在不同应力阶段 AE 事件阶段空间分布图，图 4-19b 为试块 gz-3 在不同应力阶段 AE 事件累计空间分布图，图 4-19c 为试块 gz-3 应力、撞击计数率与时间的关系图。gz-3 与 gz-1 的声发射空间分布情况大致相同，gz-3 较 gz-1 相比空间分布更为稀疏，撞击计数率峰值落在了应力峰值后。

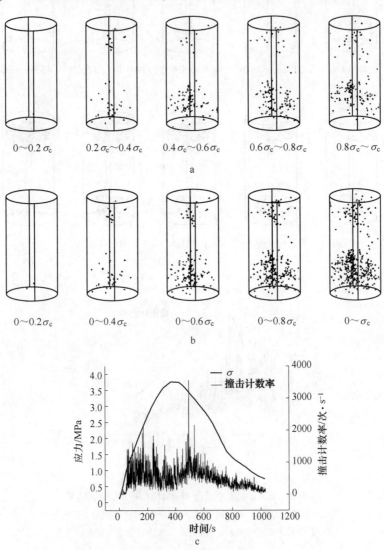

图 4-19 gz-3 干燥状态下帷幕体试块 AE 测试结果
a—不同应力阶段 AE 事件阶段空间分布；b—不同应力阶段
AE 事件累计空间分布；c—应力 σ 、撞击计数率与时间的关系

4.2.3.4　帷幕体试块破裂过程的声发射特征

通过不同含水率下帷幕体试块声发射试验研究可获得帷幕体受压破裂全过程的声发射特性。为了进一步研究帷幕体破裂机理和进行比较分析，选取了三类典型试块应力、AE 累计计数-时间曲线及阶段 AE 事件的空间演化图（图 4-20），图中各个圆柱图为阶段 AE 事件定位点空间分布图。综合分析各图可见，帷幕体试块破裂声发射源空间分布共同特征为：随着荷载的增加，不断有 AE 事件发生。初始加载时，AE 事件空间分布呈上下两个区域，且 AE 事件主要分布于区域中心附近；随着荷载的增加，AE 事件逐渐由区域中心向外扩散；在应力峰值后，AE 事件空间分布由上下两区向试块中部聚集，随峰后应力不断减小，AE 事件空间分布逐渐稀疏。

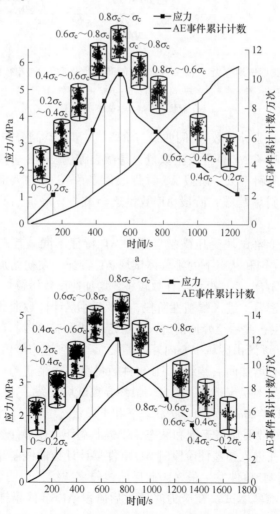

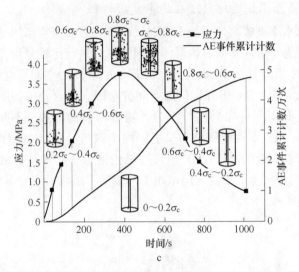

图 4-20　典型试块应力、AE 累计计数–时间曲线及阶段 AE 事件的空间演化

a—饱和状态下帷幕体试块（bh-2）；b—养护状态下帷幕体试块（yh-5）；

c—干燥状态下帷幕体试块（gz-3）

图 4-20 中 AE 累计计数–时间曲线与阶段 AE 事件空间分布点图呈对应关系，其斜率的变化反映了 AE 事件发生数量，是微裂隙诱发 AE 事件空间演化过程的表征。应力峰值前斜率大，阶段 AE 试件数量多，AE 事件大部分产生在应力峰值前期；峰值后斜率趋缓，阶段 AE 数量逐渐减少，峰值后只有少量 AE 事件发生。

不同含水率帷幕试块受压破裂全过程 AE 特征不同，其产生机理也存在差异。图 4-20a 为含饱和状态下的帷幕体试块 AE 特征。在初始加载应力水平较低时，原有微裂隙闭合，AE 事件累计数较小，增加速度较缓慢；随着应力的增加，微裂隙被完全压密后，进入弹塑性阶段，AE 事件累计数曲线斜率增加，有大量的 AE 事件产生；此后至峰值前进入非稳定破裂发展阶段，试块内部大量微裂隙产生，AE 事件逐渐由区域中心向外部扩散。当达到应力峰值后，AE 事件累计计数曲线斜率略有增加而后趋缓，AE 事件数量呈减少聚集趋势，试块内部大量微裂隙贯通，并呈不稳定扩展、汇合，最终导致试块破裂。

图 4-20b、图 4-20c 分别为养护状态下和干燥状态下帷幕体试块 AE 特征。养护状态下 AE 事件数明显多于饱和状态，干燥状态下 AE 事件数最少。养护状态下的帷幕体试块在进入弹塑性阶段时 AE 事件累计计数曲线斜率最大，说明在进入弹塑性阶段时 AE 事件发生最多；此后曲线斜率减缓，说明 AE 事件发生数减少。干燥状态下帷幕体试块在应力峰值过后阶段 AE 事件累计计数曲线斜率最大，说明此时的 AE 事件发生最多。

　　上述不同含水率下试块 AE 特征差异也可通过其内部弹性波速差别来解释。表 4-1 为三种不同状态下帷幕体试块的声发射计数、累计计数及波速测试结果。可以看出在一定范围内含水量的增加使声发射数增加，不同含水率帷幕体试块波速不同，这主要是由于帷幕体试块的非均质性、非连续性造成的。

表 4-1　声发射计数、累计计数及波速表

试块类型	含水率/%	峰值计数时间/s	峰值 AE 数	AE 累计计数/万次	波速/DU·s⁻¹
饱和	8.09	1028	463	108359	565025
养护	7.9	1126	408	545248	47131
干燥	0	495	189	130468	537819

　　帷幕体试块非均质性、非连续性在试块破裂断面图中可明显看出。图 4-21 所示为三种不同含水状态下的帷幕体试块破裂断面图。由图明显可见帷幕体内部不同尺度卵石和砂粒等骨料的随机分布特点。连续介质与非连续介质的声发射特征有一定的差异。帷幕体试块由砂砾卵石骨料和水泥浆液胶结而成，形成了连续介质与非连续介质的组合结构。声发射信号在帷幕体试块中传播时，声发射源发出的弹性波会受到帷幕体试块中不同粒级卵石的影响，在卵石表面形成不规则的反射，经过卵石透射传播时其速度也会不同于周边的胶结物。影响波速变化的主要因素之一是孔隙尺度的大小，孔隙尺度越大波速越小。干燥帷幕体试块内部卵石、砂粒结构间隙中胶结物质由于失水收缩，孔隙变大，不连续性增强，阻碍了弹性波的传播，造成弹性波衰减，所以在干燥帷幕体试块中监测到的 AE 事件最少。

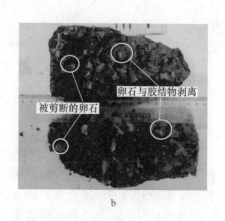

图 4-21　帷幕体试块断裂图

a—饱和状态下试块；b—养护状态下试块；c—干燥状态下试块

4.2.4　帷幕体红外辐射规律分析

岩石表面的平均红外辐射温度，反映整个岩石试样的红外辐射能量，是表征岩石加载过程中红外辐射变化特征的一个重要指标。它是基于辐射温度的时间序列过程定量分析岩石破裂的热红外前兆规律。本次实验采用德国英福泰克（InfraTec）公司 ImageIR 系列高端红外热像仪对帷幕体单轴压缩条件下的破裂过程进行监测。

4.2.4.1　饱和状态下的帷幕体试块结果分析

为反映整个试件的辐射能量，我们以帷幕体试块正对热像仪的表面平均红外辐射温度（AIRT）作为统计量，对每个试块的 AIRT 与应力随时间变化进行分析，并绘制了 AIRT-时间、应力-时间曲线。图 4-22a 为试块 bh-1 应力、AIRT 随时间变化曲线，AIRT 为 b 图中所选区域温度的平均值。图 4-22b 为试块 bh-1 在红外监测下破裂时刻的温度分布。图 4-23a 为试块 bh-3 应力、AIRT 随时间变化曲线，图 4-23b 为试块 bh-3 在红外监测下破裂时刻的温度分布。帷幕体试件破裂方式不同，其红外辐射特征不同。bh-1 试块破坏呈表面剥离形式，属于张性破裂，其表面 AIRT 随时间呈下降趋势；而 bh-3 试块首先出现瞬时纵向裂纹，张拉破坏形成降温，随后在张拉裂纹端部形成两条共轭剪性裂纹，又使 AIRT 呈上升趋势。

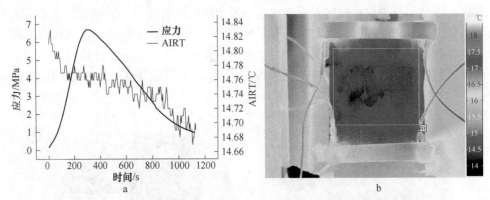

图 4-22　bh-1 红外监测测试结果

a—应力、AIRT-时间曲线；b—破裂瞬间红外辐射温度分布

4.2.4.2　养护状态下的帷幕体试块结果分析

图 4-24a 为试块 yh-1 应力、AIRT 随时间变化曲线，图 4-24b 为试块 yh-1 在红外监测下破裂时刻的温度分布。图 4-25a 为试块 yh-2 应力、AIRT 随时间变化曲线，图 4-25b 为试块 yh-2 在红外监测下破裂时刻的温度分布。图 4-26a 为试块 yh-3 应力、AIRT 随时间变化曲线，图 4-26b 为试块 yh-3 在红外监测下破裂时刻的温度分布。yh-1 与 yh-2 中既有剪性破裂又有张性破裂，yh-3 中只有剪性破裂，

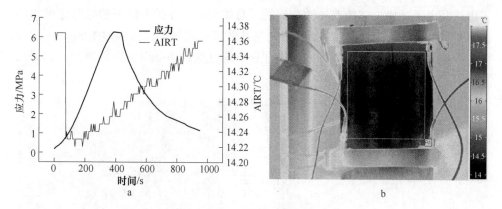

图 4-23 bh-3 红外监测测试结果

a—应力、AIRT-时间曲线；b—破裂瞬间红外辐射温度分布

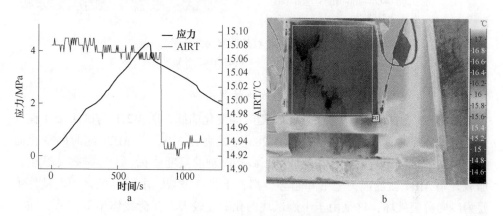

图 4-24 yh-1 红外监测测试结果

a—应力、AIRT-时间曲线；b—破裂瞬间红外辐射温度分布

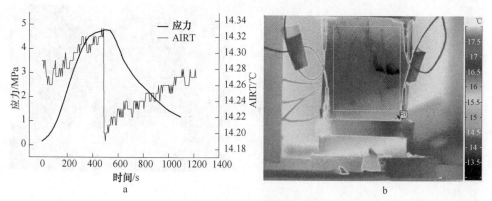

图 4-25 yh-2 红外监测测试结果

a—应力、AIRT-时间曲线；b—破裂瞬间红外辐射温度分布

考虑这是由于试块个体的差异性造成的。总体来看，养护条件下的帷幕体试块的破裂以剪性破坏为主，其 AIRT 的变化与其破裂形式有关，拉伸为主的 yh-1 为降温；yh-2 为复合破坏，表现为升温中存在降温过程；yh-3 以剪切破裂为主，表现为升温。

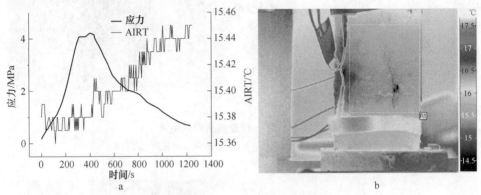

图 4-26　yh-3 红外监测测试结果

a—应力、AIRT-时间曲线；b—破裂瞬间红外辐射温度分布

4.2.4.3　干燥状态下的帷幕体试块结果分析

图 4-27a 为试块 gz-1 应力、AIRT 随时间变化曲线，图 4-27b 为试块 gz-1 在红外监测下破裂时刻的温度分布。图 4-28a 为试块 gz-3 应力、AIRT 随时间变化曲线，图 4-28b 为试块 gz-3 在红外监测下破裂时刻的温度分布。干燥帷幕体试块在加载开始 AIRT 就随应力呈下降趋势，都属于张性破裂。由图可见，干燥试件主要为纵向劈裂破坏，这是由于干燥试块的孔隙度较大，在荷载作用下，易于在卵石和胶结材料之间形成张拉破坏，张拉破坏为吸收热量过程，从而造成 AIRT 下降。

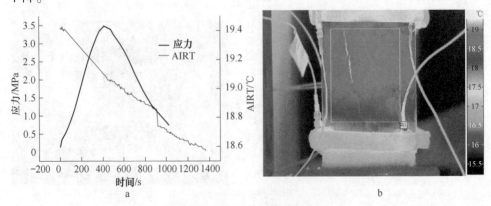

图 4-27　gz-1 红外监测测试结果

a—应力、AIRT-时间曲线；b—破裂瞬间红外辐射温度分布

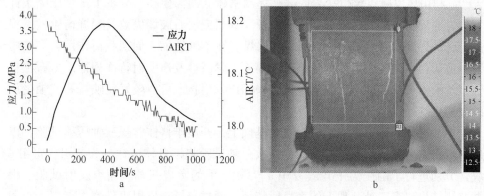

图 4-28　gz-3 红外监测测试结果

a—应力、AIRT-时间曲线；b—破裂瞬间红外辐射温度分布

　　综合上述不同含水率下帷幕体试块破裂过程红外辐射温度场分析可见，不同含水率试块内部结构骨料与胶结物之间强度不同、骨料的随机分布，造成宏观红外温度分布规律的复杂性。总体来看，AIRT 变化规律是：随着加载过程，饱和试块表现为缓慢降温或升温，以张性破裂向剪切破裂转化趋势为主，单轴抗压强度最高；养护试块表现为升温—温度跌落—升温或持续升温模式，以剪切破裂为主，过程间杂张性破裂，单轴抗压强度较饱和低；干燥试块则表现为持续降温，以张性破裂为主，单轴抗压强度最低。平均红外辐射温度的变化较好反映了帷幕体的破裂过程，剪切破裂造成 AIRT 上升，张性破裂造成 AIRT 下降。

4.3　三轴压缩条件下帷幕体裂隙扩展规律研究

4.3.1　岩石三轴压缩声发射试验研究

　　岩石在不同应力条件下将表现出不同的破坏特征，一般采用三轴试验方法模拟现场地应力。艾婷等[137]开展了不同围压下煤岩的三轴压缩声发射定位实验，研究煤岩破裂过程中 AE 时序特征、能量释放与空间演化规律，揭示了煤岩破裂过程中声发射的围压效应，并发现 AE 时空定位演化较好地对应了破裂事件从单一到复杂、从无序到有序的演化过程。赵星光等[138]通过深部花岗岩在单轴和三轴压缩条件下的破裂过程声发射试验，分析了岩石应力-应变曲线及其与声发射事件的时空分布关系，揭示了岩石破裂演化机制。李霞颖等[139]利用油气田典型岩石的三轴压缩声发射实验，研究岩石三轴压缩变形破坏过程中地震波速度等物性参数及声发射事件时空分布特征。何俊等[140]利用 RMT-150B 岩石力学试验机对煤样进行常规三轴、三轴循环加卸载作用下声发射试验，对不同加载条件下煤样的声发射特征进行分析，发现了煤岩破坏声发射突变点的预兆信息。孙中秋等[141]利用声发射点定位盐岩内部破坏网格建立逾渗模型，分析了三轴压缩条件下盐岩逾渗特征以及损伤演变发展特征，为研究岩石破坏失效及裂缝衍生发展提供了新的思路。夏冬等[142]总结了含水煤岩在单轴压缩、周期载荷作用、三轴压缩、剪切及拉伸等应力作用下的含水煤岩力学特性及声发射特征规律。岩石在三轴试验中不可直接观测，综上可见，采用声发射技术可以较好反映岩石三轴受压破裂演化规律。

本节在帷幕体单轴压缩试验研究基础上，开展帷幕体常规三轴压缩试验，以进一步研究帷幕体裂隙扩展规律。本次三轴试验将帷幕体试样分为三组，每组 6 块，分别进行了围压为 1MPa、2MPa、3MPa 下的常规三轴压缩声发射试验。根据监测结果研究三轴荷载下的声发射特征，通过分析声发射事件率、能率、空间定位分布等的变化规律探究帷幕体的损伤破坏演化规律。

4.3.2   帷幕体声发射演化规律

反映声发射活动的特征参数有多个，本节利用 AE 事件率及声发射强弱的能率对帷幕体在不同围压作用下轴向压缩破坏过程的声发射特征进行分析。

AE 事件率（次/s）定义为单位时间发生的事件次数，在数据处理时选择单位时间为 1s。

AE 事件能率是指声 1s 内事件产生的能量值。

4.3.2.1   围压为 1MPa 条件下的帷幕体试块结果分析

图 4-29a 为 sz-1 应力、AE 事件率随时间的变化曲线，图 4-29b 为 sz-1 应力、AE 事件能率随时间的变化曲线；图 4-30a 为 sz-2 应力、AE 事件率随时间的变化曲线，图 4-30b 为 sz-2 应力、AE 事件能率随时间的变化曲线；图 4-31a 为 sz-3 应力、AE 事件率随时间的变化曲线，图 4-31b 为 sz-3 应力、AE 事件能率随时间的变化曲线。

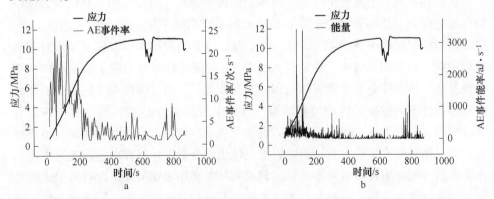

图 4-29   sz-1 应力-事件率、应力-能率图

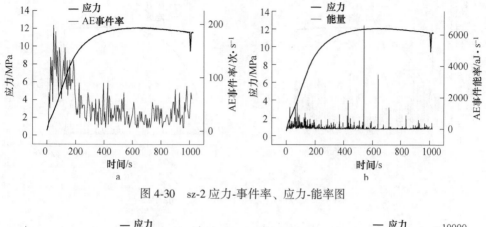

图 4-30　sz-2 应力-事件率、应力-能率图

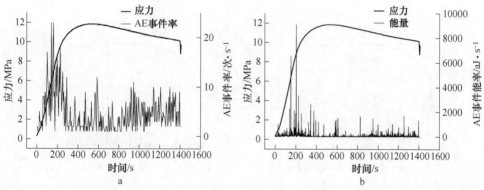

图 4-31　sz-3 应力-事件率、应力-能率图

通过观察围压 1MPa 下试件的 AE 事件率与 AE 事件能率的对比图可以看出，事件率与能率的最大值均出现在 200s 之前，此时试件处于屈服阶段，说明在此阶段，帷幕体内部出现数量较多、尺度较大的新生裂纹，同时，岩样内部累积了大量的应变能，在能量释放过程中，声发射事件率明显增加，能率逐渐增大，声发射活动增强。随后，帷幕体破坏，在三轴压力作用下，帷幕体试件进入蠕变阶段，只有能量很小的声发射现象产生。

从图中还可以看出，AE 事件率与 AE 事件能率之间有一定的相关性，AE 事件率越高，AE 事件能率的值往往也越大，这是由于 AE 事件高发点都伴随着能量的剧烈释放。

4.3.2.2　围压为 2MPa 条件下的帷幕体试块结果分析

图 4-32a 为 sz-4 应力、AE 事件率随时间的变化曲线，图 4-32b 为 sz-4 应力、AE 事件能率随时间的变化曲线；图 4-33a 为 sz-5 应力、AE 事件率随时间的变化曲线，图 4-33b 为 sz-5 应力、AE 事件能率随时间的变化曲线；图 4-34a 为 sz-6 应力、AE 事件率随时间的变化曲线，图 4-34b 为 sz-6 应力、AE 事件能率随时间的

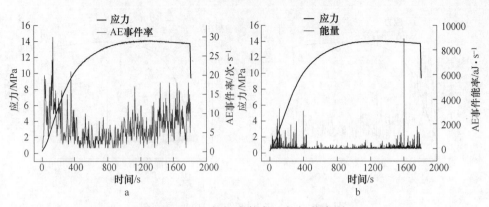

图 4-32　sz-4 应力-事件率、应力-能率图

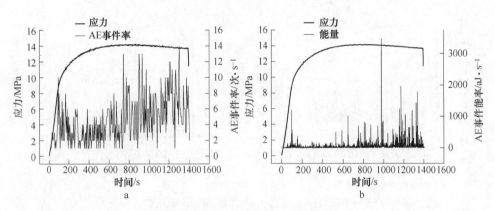

图 4-33　sz-5 应力-事件率、应力-能率图

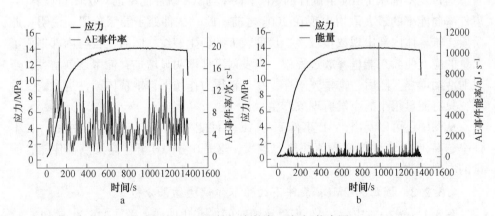

图 4-34　sz-6 应力-事件率、应力-能率图

变化曲线。

　　通过观察围压 2MPa 下试件的 AE 事件率与 AE 事件能率的对比图可以看出，

在整个实验过程中，事件率与能率出现了一个大高峰期和一个小高峰期，小高峰期出现在帷幕体加载初期，此时的声发射活动主要是压密过程中试件内部原生裂隙闭合以及闭合后部分粗糙面咬合破坏产生的结果，并且由于帷幕体的卵石分布及结构具有非常高的非均质性，原始损伤严重，致使局部区域在较低应力水平时发生破坏，产生声发射现象。随后进入一个平静期，为弹性变形阶段。随着应力的继续增大，事件率与能率出现了大高峰期，在此阶段帷幕体内部大量的裂隙和孔隙开始汇聚、贯通，形成宏观裂纹，声发射计数特别活跃。

4.3.2.3 围压为3MPa条件下的帷幕体试块结果分析

图 4-35a 为 sz-7 应力、AE 事件率随时间的变化曲线，图 4-35b 为 sz-7 应力、AE 事件能率随时间的变化曲线；图 4-36a 为 sz-8 应力、AE 事件率随时间的变化曲线，图 4-36b 为 sz-8 应力、AE 事件能率随时间的变化曲线；图 4-37a 为 sz-9 应力、AE 事件率随时间的变化曲线，图 4-37b 为 sz-9 应力、AE 事件能率随时间的变化曲线。

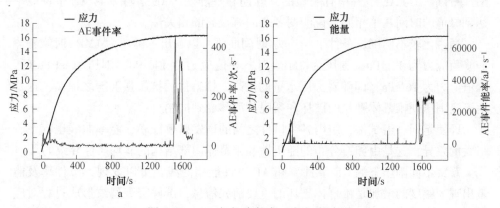

图 4-35 sz-7 应力-事件率、应力-能率图

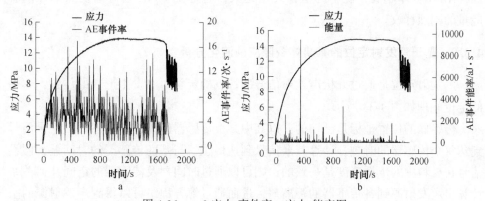

图 4-36 sz-8 应力-事件率、应力-能率图

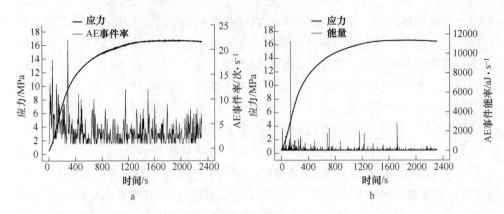

图 4-37　sz-9 应力-事件率、应力-能率图

通过观察围压 3MPa 下试件的 AE 事件率与 AE 事件能率的对比图可以看出，AE 事件能率与 AE 事件率有明显的高峰期和平静期，AE 事件率与 AE 事件能率达到峰值的时间几乎相同，说明两者之间有很高的相关性。

通过比较不同围压条件下的应力-时间曲线可以看出，围压为 1MPa 时帷幕体的峰值应力为 12MPa，围压为 2MPa 时，峰值应力为 14MPa，围压为 3MPa 时，峰值应力为 16MPa，即随着围压水平的提高，帷幕体的抗压强度随之提高，这是由于高围压使帷幕体颗粒的破坏和裂隙的滑移受到抑制。

即使是同一组试件，组内各个试件之间的声发射事件率、能率曲线也存在着很大的差异，这是由卵石分布的随机性和帷幕体内部结构的非均质性导致的。

观察不同围压下的 AE 事件率和 AE 事件能率曲线，可以发现，事件率及能量出现大幅度的增加是帷幕体破坏的重要前兆信息，试件宏观裂纹形成过程对应着声发射活动的活跃期。由图也可以看出 AE 事件率与能率之间有一定的相关性，AE 事件率越高，能率的值往往也越大，这是由于 AE 事件高发点都伴随着能量的剧烈释放。

4.3.3　基于声发射定位的帷幕体裂隙空间演化分析

声发射定位是通过分析声发射信号的特点确定材料中发生形变的位置，本书的定位原理如图 4-38 所示。

传感器的位置坐标是已知的，以其中某个传感器作为基准传感器，记录信号到达每个传感器的时刻，计算其余信号到达传感器与基准传感器的时间差，假设信号在材料中的传播速度是一致的，则可以通过时间差及传感器的空间几何关系计算出声发射源到各传感器的距离差，进而通过解方程组可以得到声发射源的空间坐标。

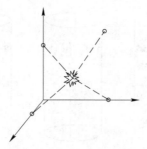

图 4-38 三维定位原理图

4.3.3.1 围压为 1MPa 条件下的帷幕体试块结果分析

图 4-39a 给出了 sz-1 声发射源三维分布阶段图，图 4-39b 给出了 sz-1 声发射源三维分布累计图；图 4-40a 给出了 sz-2 声发射源三维分布阶段图，图 4-40b 给出了 sz-2 声发射源三维分布累计图；图 4-41a 给出了 sz-3 声发射源三维分布阶段图，图 4-41b 给出了 sz-3 声发射源三维分布累计图。

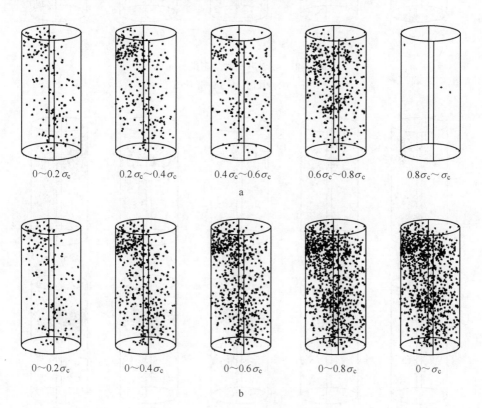

图 4-39 sz-1 声发射源三维分布图

a—AE 阶段图；b—AE 累计图

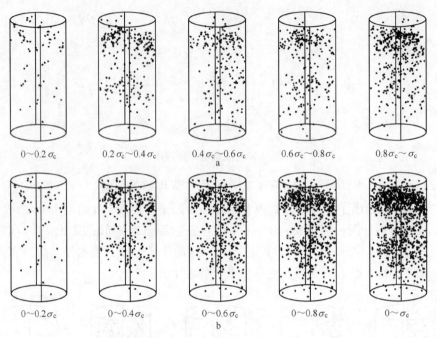

图 4-40　sz-2 声发射源三维分布图

a—AE 阶段图；b—AE 累计图

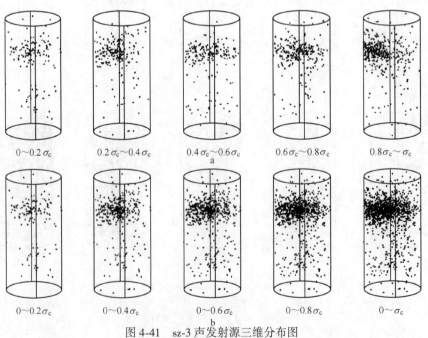

图 4-41　sz-3 声发射源三维分布图

a—AE 阶段图；b—AE 累计图

图 4-42 所示为围压 1MPa 下试验后的帷幕体照片。

图 4-42　围压 1MP 下试验后的帷幕体
a—正面；b—背面

从图 4-39～图 4-41 可以看出，当围压为 1MPa 时，各个阶段均有声发射事件，数量变化并不是很大。由于帷幕体材料的非均质性，三块试件内的定位点分布有很大区别，sz-1 内的定位点为均匀分布，sz-2 和 sz-3 内的定位点为局部分布，主要集中在试件的上部。通过试验后的帷幕体照片（图 4-42）可以看出，试验后的试件表面只能看到很少的宏观裂纹，试件上下端部渗入极少量的水，与试验前相比，帷幕体变粗变矮。

4.3.3.2　围压为 2MPa 条件下的帷幕体试块结果分析

图 4-43a 给出了 sz-4 声发射源三维分布的阶段图，图 4-43b 给出了 sz-4 声发

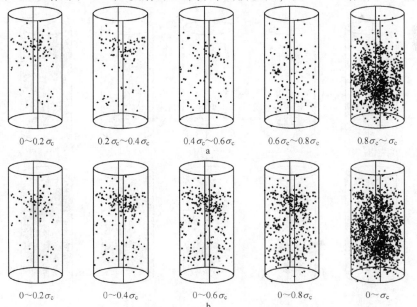

图 4-43　sz-4 声发射源三维分布图
a—AE 阶段图；b—AE 累计图

射源三维分布的累计图；图 4-44a 给出了 sz-5 声发射源三维分布的阶段图，图 4-44b给出了 sz-5 声发射源三维分布的累计图；图 4-45a 给出了 sz-6 声发射源三维分布的阶段图，图 4-45b 给出了 sz-6 声发射源三维分布的累计图。

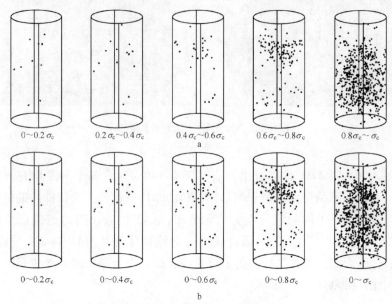

图 4-44　sz-5 声发射源三维分布图

a—AE 阶段图；b—AE 累计图

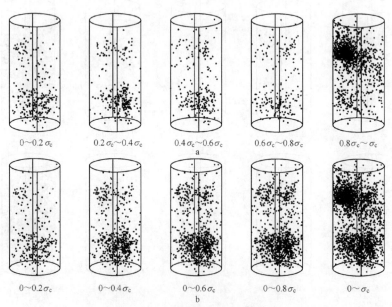

图 4-45　sz-6 声发射源三维分布图

a—AE 阶段图；b—AE 累计图

图 4-46 所示为围压 2MPa 下试验后的帷幕体照片。

a   b

图 4-46 围压 2MPa 下试验后的帷幕体
a—正面；b—背面

从图 4-43~图 4-45 可以看出，当围压为 2MPa 时，应力在 $0~0.8\sigma_c$ 只有少量的声发射事件，说明在压密和弹塑性阶段试件内部只有极弱的裂隙扩展，$0.8\sigma_c~\sigma_c$ 试件内部新的裂纹开始逐渐形成，各种破坏逐渐加剧，并逐渐发展形成大的裂纹，最终导致试件的破坏，表现为有大量的声发射定位点，此阶段为声发射活跃期，声发射事件主要集中在此阶段。观察图 4-46 可以看到，试验后的岩石表面可以看到宏观裂纹，上下端部明显渗入水。与试验前相比，帷幕体变粗变矮。

4.3.3.3 围压为 3MPa 条件下的帷幕体试块结果分析

图 4-47a 给出了 sz-7 声发射源三维分布阶段图，图 4-47b 给出了 sz-7 声发射源三维分布累计图；图 4-48a 给出了 sz-8 声发射源三维分布阶段图，图 4-48b 给出了 sz-8 声发射源三维分布累计图；图 4-49a 给出了 sz-9 声发射源三维分布阶段图，图 4-49b 给出了 sz-9 声发射源三维分布累计图。

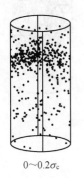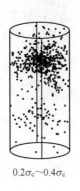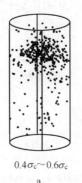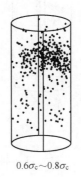

$0~0.2\sigma_c$ $0.2\sigma_c~0.4\sigma_c$ $0.4\sigma_c~0.6\sigma_c$ $0.6\sigma_c~0.8\sigma_c$ $0.8\sigma_c~\sigma_c$

a

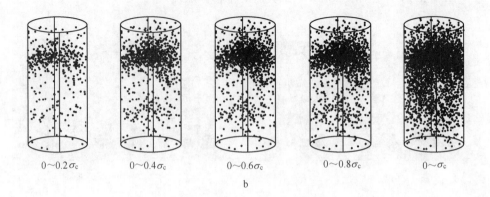

图 4-47　sz-7 声发射源三维分布图

a—AE 阶段图；b—AE 累计图

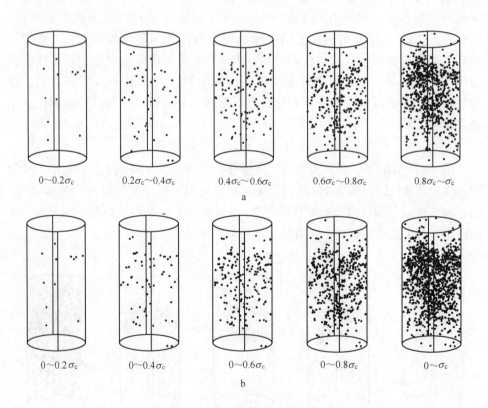

图 4-48　sz-8 声发射源三维分布图

a—AE 阶段图；b—AE 累计图

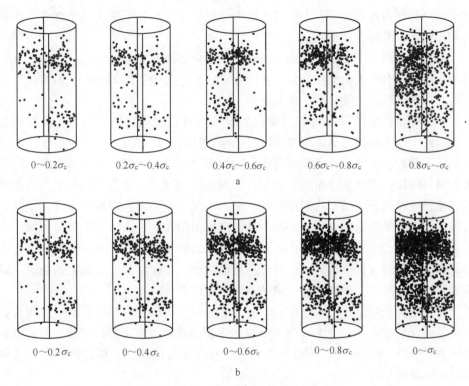

$0\sim0.2\sigma_c$　　$0.2\sigma_c\sim0.4\sigma_c$　　$0.4\sigma_c\sim0.6\sigma_c$　　$0.6\sigma_c\sim0.8\sigma_c$　　$0.8\sigma_c\sim\sigma_c$

a

$0\sim0.2\sigma_c$　　$0\sim0.4\sigma_c$　　$0\sim0.6\sigma_c$　　$0\sim0.8\sigma_c$　　$0\sim\sigma_c$

b

图 4-49　sz-9 声发射源三维分布图

a—AE 阶段图；b—AE 累计图

图 4-50 所示为围压 3MPa 下试验后的帷幕体照片。

a　　　　　　　　　　　　　b

图 4-50　围压 3MPa 下试验后的帷幕体

a—正面；b—背面

从图 4-47~图 4-49 可以看出，当围压为 3MPa 时，应力在 $0\sim0.8\sigma_c$ 都有明显的声发射活动，$0.8\sigma_c\sim\sigma_c$ 声发射明显趋于更加活跃，声发射事件主要集中在此阶段，在此阶段试件内部有大量裂隙产生，交叉且相互联合形成宏观断裂面。观察图 4-50，试验后的试件表面可以明显看到宏观裂纹，8 号试件表面严重剥离，已经可以看到内部的卵石，9号试件被从中间断开，水几乎渗入整个试件。与试验前相比，帷幕体变矮变粗。

即使同一围压下的试件，由于帷幕体试件内部卵石的随机性，定位点分布也有很大区别。有些主要集中在试件上下端部，有些为内部均匀分布。所有试件受压破坏后均表现为变矮变粗，略呈鼓形。

3种围压下的18块试件，其阶段的定位点数量变化可以分为三个阶段：第一个阶段即应力 $0 \sim 0.2\sigma_c$ 就有微弱的声发射现象，这一阶段对应于应力-应变曲线的压密阶段，说明在此阶段试件内部原始微裂隙闭合，产生声发射现象。随后进入第二阶段，即弹塑性阶段，对应应力 $0.2\sigma_c \sim 0.8\sigma_c$，在这个阶段试件内部原生裂隙扩展贯通，大量新生裂隙萌生扩展，因此，也会产生声发射事件，但其声发射定位点数量随时间变化而不同。随着应力的增大，进入第三个阶段，对应应力 $0.8\sigma_c \sim \sigma_c$，这一阶段对应于应力-应变曲线的屈服阶段，在这一阶段，试件内部的微裂纹逐渐成长、贯通，各种破坏逐渐加剧，并逐渐发展形成大的裂纹，最终导致试件的破坏，表现为有大量的声发射定位点。

累计定位点数量是不断增加的，$0 \sim 0.2\sigma_c$ 压密阶段由内部原始微裂隙闭合引起声发射现象，$0.2\sigma_c \sim 0.8\sigma_c$ 累计声发射定位点数量缓慢增加，试件内部有少量的声发射事件，$0.8\sigma_c \sim \sigma_c$ 累计声发射定位点数量急剧增加，试件内部产生宏观裂纹，试件破坏。

4.3.4　不同围压下帷幕体破裂机理综合分析

为了进一步研究帷幕体破裂机理，将不同围压下的声发射能率、声发射源空间分布和应力-时间关系等结果进行了整合，综合分析不同围压对帷幕体破裂过程的影响。

4.3.4.1　不同围压下帷幕体试样 AE 测试结果对比分析

帷幕体试样在载荷作用下的声发射，主要与帷幕体试样内微裂纹的产生、扩展及贯通有关。图 4-51 分别为围压 1MPa、2MPa、3MPa 下帷幕体试样 AE 测试结果及试验后的帷幕体试样，其中的 AE 定位点空间分布图为 5 个应力阶段 AE 事件的阶段空间分布。

由图 4-51 可以看出加载初期就有明显的声发射现象，这是因为帷幕体试样是利用水泥砂浆将卵石料胶结起来，在捣固和发生物理化学反应的过程中，内部必然产生大量的甚至肉眼都可以看见的气泡和裂纹，在实验加载压密的过程中会发生较大的位移，从而产生的晶体间破坏较多，产生的声发射事件也就较多，监测到的声发射能率比岩石类材料大；之后进入弹塑性阶段，试样整体性和均匀性经过压密阶段得到了提高，随着轴压的增加，裂隙会产生轻微的滑移，微裂纹在试样内部稳定扩展，定位点在试样的上下部小幅度增多，对应 AE 事件能率较低，说明此过程只产生了少量低能量的声发射事件；围压为 1MPa、2MPa、3MPa 的试件 AE 事件能率的最大值分别出现在 500s、1000s、1500s 左右，表明试样内部由低能量的小破裂事件向高能量的大破裂事件转化，此时试样处于不稳定发育阶段，帷幕体试样内部裂隙和孔隙逐渐汇聚、贯通，形成宏观的裂纹，直至试样破坏，并且与此阶段对应的声发射定位点也出现了骤然突增，这是由于能量的剧烈释放多伴随着 AE 事件的高发。因此 AE 事件能率和声发射定位点数出现大幅度的增加可以作为帷幕体试样破坏的重要前兆信息。

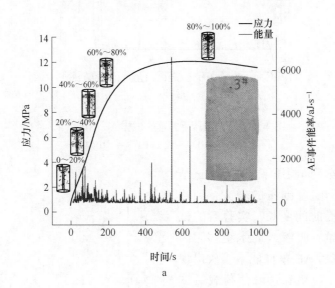

a

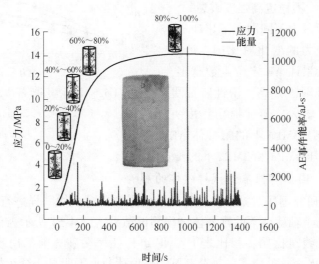

b

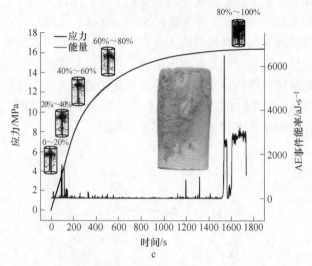

图 4-51　不同围压下帷幕体试样 AE 测试结果

a—围压 1MPa；b—围压 2MPa；c—围压 3MPa

通过比较不同围压下的 AE 测试结果可以发现，随着围压的增大，到达峰值荷载所需时间变长，实验后的试样破裂更严重，所渗入的水更多。围压 3MPa 下峰后 AE 事件能率多次出现大幅值波动，说明到达峰值荷载后试样又发生了多次不稳定高强度破裂。

图 4-52 所示为不同围压下累计 AE 定位点数随应力的变化对比图，可以看出围压越大累计 AE 定位点数越多，这是因为随着围压升高，塑性特征更明显，塑性区增大，塑性损伤程度更剧烈，导致围压 3MPa 下的帷幕体 AE 点位点数比围压 1MPa 和 2MPa 下的要多。

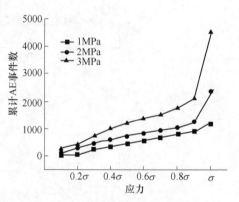

图 4-52　不同围压帷幕体试样累计
AE 数与应力关系曲线

4.3.4.2　围压对帷幕体试样破坏的影响

为进一步研究围压对帷幕体试样破裂的影响，对试样同样进行了单轴测试。图 4-53 所示为单轴荷载下的帷幕体试样测试结果，图 4-54 所示为单轴与三轴下的应力-时间曲线对比图，相比之下：AE 事件能率在破坏前都出现大幅度的骤增，有明显的 Kaiser 效应；三轴荷载下的峰值荷载点不明显，继续加载，帷幕体试样显现出流变特性，而单轴荷载下所得应力-时间曲线为全过程曲线，有明显的峰值点和破裂后阶段。

由图4-54可以看出，帷幕体试样的抗压强度及到达峰值荷载所用时间均与围压大小成正比例关系，这是由于高围压使帷幕体试样的破坏和裂隙的滑移受到抑制，提高了帷幕体试样的抗压强度。围压越大，试样受压塑性特征越明显，曲线上升段越长，曲率越小，峰值应力点越不明显，流变特性更明显。

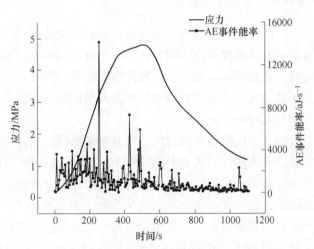

图 4-53 单轴荷载下的帷幕体测试结果

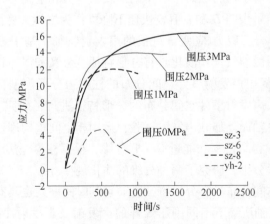

图 4-54 单轴与三轴应力-时间曲线对比

4.3.4.3 工程建议

随着围压增大，帷幕体强度提高，其破裂声发射定位空间分布越密集，表明帷幕体内部破裂数量增加，从而更容易形成渗流条件。在实际工程中，随着露天开采向深部进行，边坡倾角不断加大，边坡应力增大，滑动趋势增加，对帷幕体稳定性影响逐步加大，此时应加大现场监测力度，注意边坡位移与应力变化，监测帷幕体稳定性，以便及时采取措施，保证矿山安全。

4.4　帷幕体破裂演化的分形特征研究

4.4.1　岩石破裂声发射分形研究概述

岩石内部微裂纹的演化过程具有分形特征，岩石破裂过程中声发射事件通过分形计算可以得出岩石内部微裂纹空间分布的分形特征。声发射现象是由材料微裂隙的开合引起的，声发射源即相当于材料的微损伤源，因此对于声发射源进行定位和数量统计能够使我们了解材料内部损伤的发展情况。有关学者从不同角度开展了岩石声发射分形特征研究。

一些学者通过岩石受压破裂声发射源空间分布演化研究其自相似性，计算其分形维数，研究分维演化特征。雷兴林等[80]通过三轴压缩变形条件下粗晶花岗闪长岩声发射三维分布监测分析，表明其具有自相似性与分形特征，在不同尺度内分维的变化表征了各自尺度内应力场非均匀变化。雷兴林等[143]还对两种不同粒度花岗岩中声发射的震源分布分形结构和震源机制解进行了对比研究，两种岩石的声发射源机制差异较大：粗粒花岗岩在整个破裂过程中剪切破裂占主导地位，细粒花岗岩破裂类型则依赖于应力水平。李元辉等[144]通过单轴受压岩石破坏声发射试验，开展了岩石破裂过程中的声发射 b 值和空间分布分形维值 D 随应力的演化研究，结果表明 D 和 b 值较快速下降可作为岩体失稳前兆特征。姜永东等[145]试验研究了岩石应力-应变全过程的声发射特征，基于岩石声发射损伤三维定位分析，表明微裂纹损伤演化具有分形特征、分叉和混沌特征。

裴建良等[82]提出声发射事件空间分布的柱覆盖分形模型，对花岗岩单轴压缩损伤破坏过程中声发射事件空间分布的分形特征进行了研究。李庶林等[146]通过三种岩石试样单轴循环加载声发射试验，运用相空间重构理论直接从时间序列上通过 G-P 算法求得事件率和能量率关联分维，根据柱覆盖法求解得到声发射事件源空间分布关联分维，研究了两种分维的演化规律。

声发射不但空间分布具有分形特征，而且其时间序列也具有分形特征。高保彬等[147]进行了三轴压缩下不同围压煤样的声发射及声发射序列分形特征研究，发现声发射序列的分形维值具有波动—上升—突降变化趋势。谢勇[148]等通过尾砂胶结充填体单轴抗压声发射试验，研究了充填体压缩破坏过程中的声发射能率、声发射能率分形维数随时间变化特征。

目前分形理论的发展和不同分维计算方法在岩石破裂过程表征中的应用研究逐步成熟，为岩石破裂机理研究提供了新的途径。研究帷幕体在不同应力条件下破坏过程，采用岩石声发射分形分形方法有助于更进一步认识帷幕体破裂演化规律，从而提出更为合理的帷幕体破裂机理。本节基于帷幕体破裂声发射源空间分布监测结果，开展帷幕体破裂分形研究。

4.4.2　分形维数计算方法

分形维数分为 Hausdorff 维数、容量维数、信息维数、关联维数和盒维数等形式。本书选用容量维数计算分形维数。针对 AE 事件空间分布的分形研究，目前多采用球覆盖法或投影后的圆覆盖法计算分维进行三维分析。因此，本书基于分形自相似与自仿射特征，结合圆柱试块形状特点，采用柱覆盖法[149]计算帷幕体试块受力破坏全过程声发射源定位空间分布的分形维数，据此开展帷幕体破裂损伤分形特征及对应的力学状态和变形特征研究，以揭示帷幕体内部损伤破裂时空演化规律。

4.4.2.1　分形维数计算基本原理

实验证明，岩石材料的声发射序列不仅在时域上是分形分布的，而且在空间分布上也具有分形特征。岩石在荷载作用下发生破裂，在破裂过程中，每一个声发射点都对应于物理空间中的一个断裂表面或断裂体积，声发射点的位置构成了一个点集的空间分布。柱覆盖分维模型可真实体现研究对象实体本身形状，并更准确反映声发射事件空间上的分布特征。同时该模型可利用已测得的声发射事件坐标测定声发射事件空间分布的分维，计算方便，具有较强的应用价值。

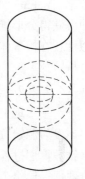

图 4-55　球覆盖

当声发射定位点服从体分布，用半径为 r 的小球进行覆盖时（图 4-55），球内所包含的声发射事件数目与半径之间存在以下关系：

$$M_{(r)} \propto r^3 \tag{4-1}$$

根据分形基本理论，可将声发射事件分布的数目-半径关系表示为：

$$M_{(r)} = Cr^D \tag{4-2}$$

式中　C——材料常数。

对式（4-2）两边取对数，可得：

$$\lg M_{(r)} = \lg C + D \lg r \tag{4-3}$$

相应地，用半径为 r，高度为 h 的柱进行覆盖时（图 4-56），柱内所包含的声发射事件数目与半径 r 和高度 h 的关系为：

$$M_{(r)} \propto r^2 h \tag{4-4}$$

由于试件高径比 C_1 为常数，式（4-4）可表示为：

$$M_{(r)} \propto C_1 r^3 \tag{4-5}$$

所以，声发射定位点空间分布的柱覆盖法的分形表达式为：

$$\lg M_{(r)} = \lg C + \lg C_1 + D \lg r \tag{4-6}$$

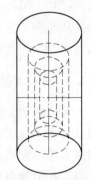

对每一个给定的半径 r，均可由式（4-6）得到一个 $M_{(r)}$，在双对数坐标系中绘制多个（$\lg r$，$\lg M_{(r)}$）点，对这些点进行数据拟合，若结果为直线，则表明声发射事件空间分布在给定的尺度范围内具有分形特征，直线的斜率就是声发射事件空间分布的柱覆盖容量维数。

图 4-56　柱覆盖

这一算法实质仍是数目半径法，计算时以研究对象圆柱体几何质心为中心，选取底面圆初始半径为 r_0 的小圆柱体，对研究对象内的空间数据点进行覆盖，计算落入其中的空间数据点数量 $N(r_0)$；给定变化步长 Δr 变换 r，获得不同 $2(r_0+\Delta r)$ 边长的小圆柱体，计算落入其中的空间数据点数量 $N(r_0+\Delta r)$；计算直到研究对象圆柱体半径尺寸 R 为止，得到一系列数据（$r_0+\Delta r$，$N(r_0+\Delta r)$），然后计算出 $\ln(r_0+\Delta r)$，$\ln[N(r_0+\Delta r)]$，计算其斜率即可获得分形维数。该法是利用分形几何的覆盖法定量考察裂隙演化的统计自相似性，在帷幕体破裂声发射源分维计算时采用阶段分形维数和累计分形维数进行分析[149]。

4.4.2.2　算法实现与分维计算

为了实现上述算法，编写了分维计算软件 Fractal Analysis，该软件可以快速对声发射源定位原始数据进行统计分析并输出结果。该软件计算空间数据点的容量维数算法过程（图 4-57）为：通过 AEwin 软件取得采集到的试块声发射源定位数据，导出为 TXT 文件，然后用 Fractal Analysis 软件调入数据进行筛选、阶段划分、算法选择与分维计算，并输出数据文件，得到 $\ln N(r) \sim \ln(1/r)$ 双对数图，然后用最小二乘法对每个阶段的散点图进行线性拟合，其斜率的绝对值就是该阶段的容量维数。

导入数据 → 筛选数据 → 划分阶段 → 算法选择 → 输出结果

图 4-57　软件算法流程

根据上述原理，对三种不同含水状态下的帷幕体试块受压破裂声发射源空间分布进行了分维计算。计算时将加载过程按应力值的发展过程分为九个阶段，分别为峰值应力（σ_c）前的 $0 \sim 0.2\sigma_c$、$0.2\sigma_c \sim 0.4\sigma_c$、$0.4\sigma_c \sim 0.6\sigma_c$、$0.6\sigma_c \sim 0.8\sigma_c$、$0.8\sigma_c \sim \sigma_c$，峰后 $\sigma_c \sim 0.8\sigma_c$、$0.8\sigma_c \sim 0.6\sigma_c$、$0.6\sigma_c \sim 0.4\sigma_c$、$0.4\sigma_c \sim 0.2\sigma_c$，采用 Fractal Analysis 软件进行了分维计算。其中饱和帷幕体试块的分维计算如图 4-58 所示，各阶段数据组的拟合直线斜率即为其分形维数。

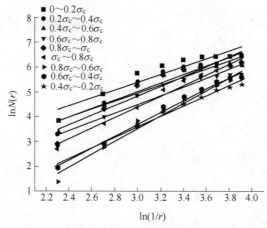

图 4-58 饱和帷幕体试块声发射源空间的分维计算

4.4.3 单轴压缩条件下帷幕体裂隙分维演化规律

4.4.3.1 饱和状态下的帷幕体试块结果分析

图 4-59 和图 4-61 所示分别为帷幕体试块 bh-1 和 bh-3 的应力-时间、阶段分维-时间曲线，图 4-60 和图 4-62 所示分别为帷幕体试块 bh-1 和 bh-3 的应力-时间、累计分维-时间曲线。由图 4-59 和图 4-61 可见，在加载过程的前期，维数大小波动较大，这说明声发射小事件较多，此阶段微裂隙无规律分散发展。到加载中期，维数呈总体上升趋势，在应力峰值后达到相邻点中的较大值，之后维数又急剧下降，此时的下降值为最大值。从阶段维数时间应力曲线图中可以看出在超过峰值应力后维数连续下降，此时裂隙发展呈现出一定的规律性，向大的裂隙集中。可以认为维数的连续降低预示岩石破坏即将发生。累计分维数一直呈上升趋势，但是在应力峰值后增长幅度明显变小。

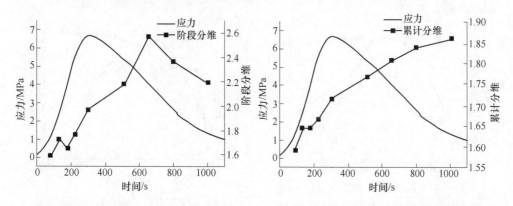

图 4-59 bh-1 应力、阶段分维-时间曲线   图 4-60 bh-1 应力、累计分维-时间曲线

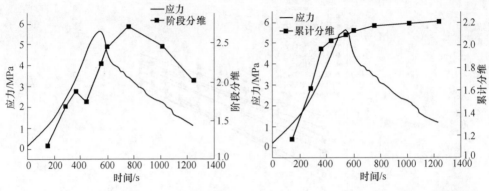

图 4-61 bh-3 应力、阶段分维-时间曲线   图 4-62 bh-3 应力、累计分维-时间曲线

4.4.3.2 养护状态下的帷幕体试块结果分析

图 4-63、图 4-65 和图 4-67 所示分别为帷幕体试块 yh-1、yh-2 和 yh-3 的应力-时间、阶段分维-时间曲线，图 4-64、图 4-66 和图 4-68 所示分别为帷幕体试块

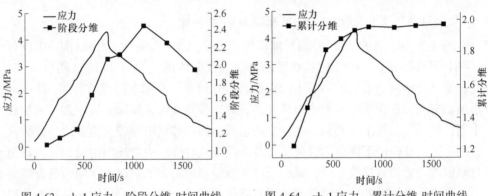

图 4-63 yh-1 应力、阶段分维-时间曲线   图 4-64 yh-1 应力、累计分维-时间曲线

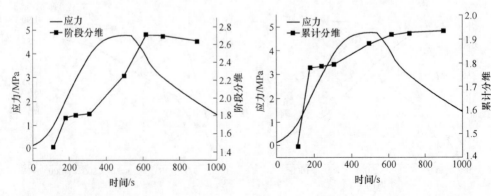

图 4-65 yh-2 应力、阶段分维-时间曲线   图 4-66 yh-2 应力、累计分维-时间曲线

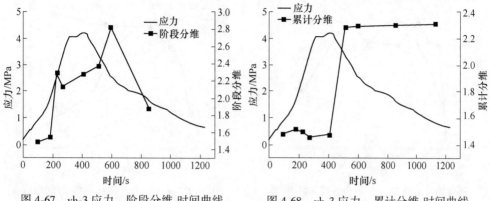

图 4-67　yh-3 应力、阶段分维-时间曲线　　　图 4-68　yh-3 应力、累计分维-时间曲线

yh-1、yh-2 和 yh-3 的应力-时间、累计分维-时间曲线。养护状态下的帷幕体的破裂情况与含饱和水状态下的大致相似。只是养护状态下的阶段分维数的最大值较饱和状态下更接近应力峰值，说明养护状态下的试块在达到应力峰值后更早地发生破坏。

4.4.3.3　干燥状态下的帷幕体试块结果分析

图 4-69 和图 4-71 所示分别为帷幕体试块 gz-1 和 gz-3 的应力-时间、阶段分维-时间曲线，图 4-70 和图 4-72 所示分别为帷幕体试块 gz-1 和 gz-3 的应力-时间、累计分维-时间曲线。干燥状态下的试块的阶段分维数普遍高于其他两种条件下的，这是由于在干燥条件下帷幕体试块的破坏程度最为剧烈。阶段分维数的最大值出现的也早于应力峰值，累计分维数在应力峰值处开始增长速率减缓。

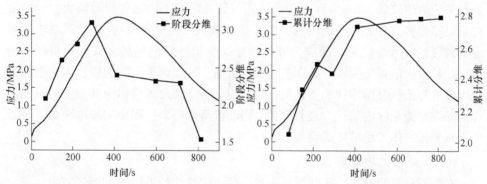

图 4-69　gz-1 应力、阶段分维-时间曲线　　　图 4-70　gz-1 应力、累计分维-时间曲线

4.4.3.4　单轴压缩荷载下帷幕体破裂机理探讨

A　声发射空间定位分维演化特征

基于加载过程中试块在不同应力阶段的声发射源空间定位数据计算分维，这里

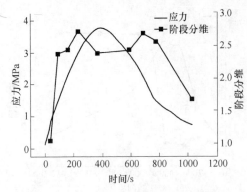

图 4-71　gz-3 应力、阶段分维-时间曲线

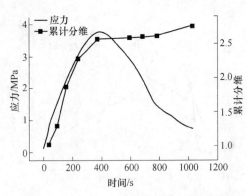

图 4-72　gz-3 应力、累计分维-时间曲线

选取编号为 bh-2、yh-1、gz-3 三块试块声发射源空间分布数据，绘制分形维数-时间曲线（图 4-73），各分形维数计算过程中的线性拟合相关度均接近 1。分析三类试块破裂过程声发射源空间分布分形维数随时间变化可见，虽然由于帷幕体破裂的复杂性造成分形维数变化出现一定波动，但分形维数发展趋势是确定的，与应力-时间曲线类似，呈现先升后降演化特征。在试块的加

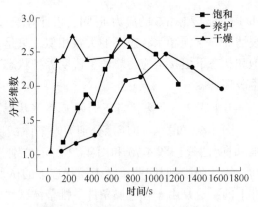

图 4-73　分形维数-时间关系曲线

载初期应力值较低，AE 事件也较少，因而分维值较小；随着应力增大，分维变化呈升维趋势，在应力峰值附近，分维值达到最大（约 2.7），此时试块出现明显的破裂；应力峰值后，随应力降低，分维变化呈降维趋势，从微观角度分析看，此阶段大量新生裂纹开始逐渐成长、贯通、汇集为更大的裂纹，因此表现为分维值的降低。分形维数的变化很好地对应了各个阶段帷幕体内部损伤的演变过程。降维与帷幕体内部较大破裂有关，因而帷幕体破裂过程中的降维现象，可以作为预测帷幕体失稳破坏的前兆。

　　B　帷幕体试块破裂机理

　　在岩石材料的破坏、矿井顶板失稳冒落、区域性的地震等方面研究中，声发射源空间分布分形维数在应力达到峰值应力附近均表现为降维的特征[143, 150-152]。帷幕体试块试验过程中，声发射源空间分布的分形维数演化过程也表现出类似的特征，这与帷幕体试块组成材料的空间结构分布有关。

　　帷幕体破裂过程有其自身的特点。帷幕体试块由现场采集的不同粒径的卵

石、砂粒与水泥砂浆混合凝固复合而成，在帷幕体试块内部卵石骨料与水泥砂浆之间存在易于破坏的结合面，因而在空间构成上具有较强的非均匀性，其受压破裂过程会受到这种非均匀性的影响。帷幕体试块结构的破裂分为三级：卵石与水泥砂浆的剥离破坏、砂粒与水泥砂浆的剥离破坏、水泥砂浆的破坏。第一级是卵石与水泥砂浆的剥离破坏，卵石与水泥砂浆结合面为最薄弱面，结合面上存在大量结合缝，在受压过程中结合缝易于形成应力集中而破坏，众多结合缝的扩展、贯通形成卵石与水泥砂浆的剥离破坏。第二级是砂粒与水泥砂浆的剥离破坏，砂粒与水泥砂浆的结合面也存在结合缝，此结合缝比卵石与水泥砂浆的结合缝至少小一个数量级。第三级是水泥砂浆的破坏，由于水泥砂浆内部也不是均质的，内部也存在一些未被水化的水泥颗粒及孔隙等缺陷，破裂就从这些缺陷开始，此缺陷比砂粒与水泥砂浆间的结合缝至少小几个数量级[153]。

在加载初始阶段，由于卵石等材料空间分布的非均匀性，帷幕体试块破裂的声发射源定位点空间分布呈现非均匀性，因而维数较小。随着应力的增加，结合缝破坏数量增加，沿卵石表面扩展、贯通，形成较大尺度的卵石级别剥离破坏，属于拉伸破坏，可以采用格里菲斯理论解释。此时，声发射源定位点数表现为减少趋势，据此可以认为，在分形维数演化曲线出现的短暂的小幅度下降表征了卵石尺度的剥离破坏。在达到峰值应力之前，随着各个级别微破裂的增加，损伤破裂在空间分布表现出一定的均匀性发展趋势，因而呈现增维趋势。在峰值应力后附近，随着微观破裂丛集、成核与卵石尺度的剥离破坏相结合，微破裂分布均匀性逐渐失去，微破裂从三维空间分布向二维空间集中，逐渐形成宏观破裂——试块级尺度的剪切破坏，破裂后的试块如图 4-21b 所示。应力峰值后，随着二维破坏面的逐渐形成，声发射源定位点数迅速减少，表现出明显降维趋势。降维过程的存在表明系统从无序到有序的发展过程，显示出某种临界性，有序表征了系统的不稳定发展趋势，分形维数值降低，系统的稳定性变差[154]。由此可认为，分形维数值的下降可以作为帷幕体试块破坏的前兆，也可为现场帷幕体破坏提供预兆参数。

4.4.4 三轴压缩条件下帷幕体裂隙分维演化规律

声发射现象由材料微裂隙的开合引起，声发射源即相当于材料的微损伤源，因此对于声发射源进行定位和数量统计能够使我们了解材料内部损伤的发展情况。这里利用分形几何的覆盖法定量考察裂隙演化的统计自相似性，对帷幕体的阶段分形维数和累计分形维数进行分析。

为了研究加载过程中试件在不同应力阶段损伤的发展情况，对于阶段分维和累计分维的计算，将加载过程按应力值的发展过程分为五个阶段，分别为峰值应力的 20%、40%、60%、80%、100%，并用分维的算法对 3 种围压下试件的各个阶段分维值进行计算。

4.4.4.1　围压为 1MPa 条件下的帷幕体试块结果分析

对于围压 1MPa 下试件的裂隙分维演化规律，这里取 sz-3 来说明，损伤分维表见表4-2。

表 4-2　围压 1MPa 下试件损伤分维表

阶　　　段				累　　　计			
试件编号	阶段	分维	相关度	试件编号	阶段	分维	相关度
sz-3	1	1.75	0.977	sz-3	1	1.75	0.97
	2	1.773	0.975		2	1.763	0.977
	3	2.454	0.987		3	1.972	0.983
	4	1.785	0.997		4	1.907	0.989
	5	2.417	0.992		5	2.051	0.991

图4-74 给出了围压 1MPa 下试件的损伤分维图。

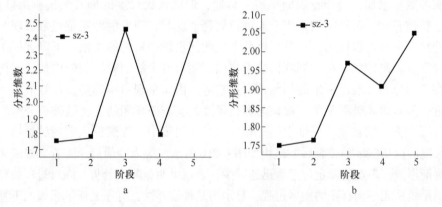

图 4-74　围压 1MPa 下试件的损伤分维图

a—阶段分维图；b—累计分维图

由 sz-3 的损伤分维表和损伤分维图 4-74 可以看出，其阶段分形维数和累计分形维数有相同的变化趋势，均为先上升后下降再上升的一条震荡曲线。由于其应力-时间曲线为一条随时间增大斜率逐渐变小的蠕变曲线，与单轴压缩条件下帷幕体应力-时间曲线不同，没有明显的峰值和峰后曲线，因此分形维数的变化规律表现为在某一数值附近上下变动。分形维数上升，说明在此阶段试件内部有新生裂隙萌生扩展；分形维数降低，说明在这一阶段声发射数量较少，即帷幕体内产生破裂数量较少。

4.4.4.2　围压为 2MPa 条件下的帷幕体试块结果分析

对于围压 2MPa 下试件的裂隙分维演化规律，这里取 sz-4、sz-5 来说明，损伤分维表见表4-3。

表 4-3　围压 2MPa 下试件损伤分维表

阶　段				累　计			
试件编号	阶段	分维	相关度	试件编号	阶段	分维	相关度
sz-4	1	2.183	0.987	sz-4	1	2.183	0.987
	2	2.41	0.991		2	2.294	0.99
	3	2.003	0.976		3	2.201	0.987
	4	1.386	0.998		4	1.966	0.993
	5	2.054	0.99		5	2	0.992
sz-5	1	1.855	0.926	sz-5	1	1.855	0.926
	2	2.437	0.934		2	2.592	0.926
	3	2.199	0.979		3	2.373	0.956
	4	1.863	0.99		4	1.99	0.993
	5	2.421	0.996		5	2.297	0.997

图 4-75 给出了围压 2MPa 下试件的损伤分维图。

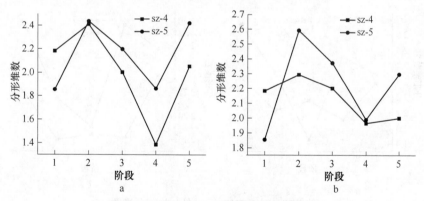

图 4-75　围压 2MPa 下试件的损伤分维图

a—阶段分维图；b—累计分维图

由 sz-4 和 sz-5 的损伤分维表和损伤分维图可以看出，其阶段分形维数和累计分形维数的变化趋势与围压 1MPa 下试件的分形维数变化规律相同，均为先上升后下降再上升的一条震荡曲线。这也是因为其应力-时间曲线为一条蠕变曲线，分形维数表现为在某一数值附近上下变动。

4.4.4.3　围压为 3MPa 条件下的帷幕体试块结果分析

对于围压 3MPa 下试件的裂隙分维演化规律，这里取 sz-7、sz-9 来说明，损伤分维表见表4-4。

表4-4 围压3MPa下试件损伤分维表

	阶 段				累 计		
试件编号	阶段	分维	相关度	试件编号	阶段	分维	相关度
sz-7	1	2.287	0.974	sz-7	1	2.287	0.974
	2	2.055	0.965		2	2.155	0.97
	3	2.175	0.959		3	2.161	0.967
	4	2.112	0.976		4	2.15	0.97
	5	2.325	0.999		5	2.252	0.993
sz-9	1	2.343	0.982	sz-9	1	2.343	0.982
	2	2.457	0.987		2	2.394	0.985
	3	1.925	0.991		3	2.177	0.988
	4	2.355	0.965		4	2.238	0.981
	5	2.661	0.995		5	2.401	0.989

图4-76给出了围压3MPa下试件的损伤分维图。

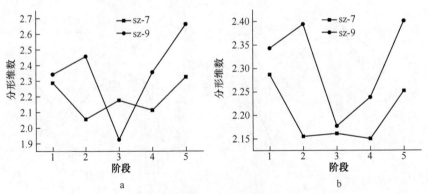

图4-76 围压3MPa下试件的损伤分维图
a—阶段分维图；b—累计分维图

由sz-7和sz-9的损伤分维表和损伤分维图可以看出，两块试件的阶段分形维数和累计分形维数的变化趋势不尽相同，但总体趋势为先下降再上升。分形维数下降是由于压密阶段过后，原始裂纹已闭合，而新的裂纹尚未形成，因而声发射数量较少，对应损伤分维较低；分形维数上升说明在此阶段试件内部有新生裂隙萌生扩展。

通过研究以上3种围压下帷幕体裂隙的分维演化规律可以发现：其分形维数

变化曲线基本上都为一条震荡曲线，在某一数值附近上下波动。

4.4.4.4　三轴压缩荷载下帷幕体破裂机理探讨

A　声发射空间定位阶段分维演化特征

为了进一步研究三轴压缩荷载下帷幕体破裂机理，这里选择不同围压下典型试块的阶段分维曲线进行比较研究。

由图 4-77 可见，不同围压下的分形维数变化基本特征为升维，降维，再升维模式，这是由于围压作用没有出现试样尺度宏观破裂，为延性破坏，延性破坏表现为局部塑性破坏的累积结果，不同于出现宏观破坏的降维特点[143,152]，二次升维可作为趋向延性破坏的预兆。

在轴向荷载初始阶段，随着压力增加，帷幕体试样内部裂纹被压密以及产生众多微小新裂纹，因而

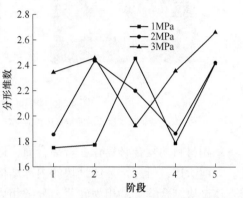

图 4-77　不同围压下阶段分维-时间曲线

声发射事件在空间呈增加趋势，表现为增维特征；随着时间进一步增加，此时应力时间曲线进入峰值转向延性发展阶段，不同粒级卵石与水泥之间存在的结合缝受压扩展以致产生较大的剥离，试样横向发展为鼓形，尤其内部较大卵石的剥离增加，使声发射事件存在向卵石剥离区集聚的趋势，因而形成了降维阶段，此时的降维可以预示塑性屈服产生；随着荷载时间进一步推移，荷载维持在低于或近于峰值应力，此时，由于围压与轴压共同作用，剥离裂隙会进一步扩展，脱离原结合面，形成分支裂隙，声发射事件向试件空间弥散性发展，因此再次出现升维现象。

B　帷幕体破裂机理分析

三轴压缩条件下与单轴压缩条件下帷幕体的破裂特征有所不同，但从引起破裂的机理来看，二者又是相近的。图 4-78 所示为单轴压缩、三轴压缩试验后帷幕体试块破坏情形，可见单轴荷载下帷幕体试块明显被剪为两半，三轴荷载下的帷幕体试块只是表面有裂纹，并没有被剪断。观察图 4-21b 可以发现破裂后的帷幕体试块内部卵石与胶结物发生了剥离，这是因为帷幕体试块是由水泥砂浆和卵石复合而成，必然存在着结合面，这些结合面上就隐藏着大量的微裂隙，通常称为结合缝，加载初期，卵石周围应力集中，强度低的结合面先发生了破坏，随着荷载的增大，微裂隙继续孕育、发展、贯通，水泥砂浆与卵石剥离，最终形成了宏观裂隙，帷幕体试块被剪切破坏[119]。

a　　　　　　　　　　　　　　　　　b

图 4-78　帷幕体受压破坏对比

a—单轴压缩试验后的帷幕体；b—围压 3MPa 三轴压缩试验后的帷幕体

　　二相材料的复合必然存在着结合面，这些众多的结合面就隐藏着大量的结合缝。如前所述，研究帷幕体试块的内部结构可将这些结合缝分为三级。第一级为帷幕体试块结合缝，基相为砂浆，分散相为卵石，其结合面为薄弱面，常会产生结合缝。第二级为砂浆结合缝，基相为水泥浆，分散相为砂，水泥浆和砂的结合面上也常产生结合缝，其尺寸比砂浆和卵石的结合缝最少要小一个数量级。第三级为硬化水泥浆结合缝，硬化水泥浆并不是均质的，其中包含着一些未被水化的水泥颗粒及孔隙，它们就是缺陷，把硬化水泥浆视为基相，这些缺陷视为分散相，其结合面上亦会产生结合缝，观察表明，未被水化的水泥颗粒的尺寸又比砂和水泥浆的结合面处产生的结合缝至少小几个数量级[153]。

　　因此，在三轴压缩荷载下帷幕体试块的破裂过程为：加载初期，卵石和砂浆的结合面内结合缝先起裂，表现为有少量能量不是很高的声发射事件，对应应力-时间曲线的压密阶段；随着应力增大，砂和水泥浆的结合面内结合缝开裂，AE事件缓慢增加，AE 事件能量很低，对应应力-时间曲线的弹塑性阶段；最后裂缝进入硬化水泥浆，与硬化水泥浆本身的缺陷连接贯通，应力接近峰值，AE 事件数和 AE 事件能量均骤然增加，单轴荷载下的帷幕体试块进入破裂阶段，而三轴荷载下的帷幕体试块由于围压限制进入蠕变阶段。

4.5　小结

　　本章通过帷幕体试块在不同含水率、不同围压下破裂声发射试验，应用分形几何理论，对帷幕体压缩荷载下破裂声发射空间演化规律与分形特征进行了深入研究，单轴压缩条件下与三轴压缩条件下的破裂规律有所区别。

　　单轴压缩荷载试验研究表明：（1）饱水状态下强度最大，应力峰值出现的最晚；在养护状态下的帷幕体强度次之；干燥状态下的试块应力峰值出现的最早，强度最低。一定含水率可以提高帷幕体的强度。（2）水对帷幕体的破裂失稳过程中 AE 事件数有明显的影响，不同含水率的帷幕体的 AE 事件数有明显差别。养护状态下 AE 事件总数最多，饱和状态下次之，干燥状态下 AE 事件总数最少。在一定含水量下水能促进帷幕体 AE 事件的发生，超过一定值，水又会抑制帷幕体 AE 事件的发生。（3）帷幕体试块破裂受到卵石等材料的空间随机分布影响和各级结合缝控制，破裂空间分布呈现非均布向均布演化特征。AE 事件在试块加载初期都集中在试块的区域中心附近，随着荷载的不断加大，AE 事件逐渐由区域中心向外扩散。AE 事件大部分产生在应力峰值前期。峰值后 AE 事件向试件中部聚集。（4）分形维数变化呈先升维后降维的总体趋势，与应力的发展过程类似。分形维数变化与各阶段帷幕材料内部损伤的演化过程具有较好的对应性。分维和声发射参数随时间的变化趋势存在相关性，分形维数降低与大破裂存在关联，降维可以作为预测帷幕体失稳破坏的前兆。（5）不同含水率试块表面红外温度分布演化规律复杂。随着加载过程进行，AIRT 的变化规律是：饱和试块表现为缓慢降温或升温，以张性破裂向剪切破裂转化趋势为主；养护试块表现为升温-温度跌落-升温或持续升温模式，以剪切破裂为主间杂张性破裂；干燥试块则表现为持续降温，以张性破裂为主。

三轴压缩荷载试验研究表明：（1）高围压使帷幕体试样的破坏和裂隙的滑移受到抑制，提高了帷幕体试样的抗压强度，帷幕体试样的抗压强度及到达峰值荷载所用时间均与围压大小成正比例关系。（2）围压越大，帷幕体试样塑性特征越明显，塑性损伤程度越剧烈，累计 AE 定位点数越多。（3）不同围压下 AE 事件能率在弹塑性阶段都有一段相对时间较长的声发射平静期，$0.8\sigma_c \sim \sigma_c$ 声发射明显趋于更加活跃，在此阶段定位点骤然增多，能量突增，标志破坏前兆。（4）不同围压下的分形维数变化基本特征为升维、降维、再升维模式。（5）同样的应力状态下帷幕体试样内卵石和砂浆的结合面先起裂，其次是砂和水泥浆的结合面开裂，最后裂缝进入硬化水泥浆。

帷幕体在三轴压缩条件下与单轴压缩条件下的宏观破裂特征不同，单轴压缩表现为剪切破裂为主，但其受压破裂过程中存在张性破裂；三轴压缩则表现为明显的蠕变破坏特征。但从引起破裂的机理来看，二者又有共同的根源，帷幕体构成二相材料结构：卵石骨料与细颗粒胶结材料，形成各级别结合缝，结合缝张性破坏是低荷载时帷幕体破裂的主要原因，随着荷载增加，结合缝等缺陷破裂扩展、分叉、贯通，形成较大规模破裂，出现显著的扩容现象，在三轴试验中表现为鼓形延性破坏；骨料的剪断破坏是高荷载时帷幕体破裂的主要机制，荷载较高时，随着与试块同尺度卵石剪断，帷幕体破坏不可逆转，在单轴试验表现为宏观剪切破坏。

5 **注浆帷幕与边坡稳定性数值模拟研究**

露天矿边坡通常是挖掘在自然岩体之中，这些岩体是长期地质历史发展的产物。一般都不同程度地被各种地质界面所分割，使岩体具有复杂的不连续体的特征[155]。影响边坡稳定性的因素很多，大致可分为内部因素和外部因素，内部因素包括岩体结构、地质构造等。外部因素包括气候条件、风化作用、水文、地质条件、地震、人类工程活动等。内部因素的影响是长期而缓慢的，外部因素的影响，比较而言是明显和迅速的，它只有通过内部因素才能对边坡的稳定性起到破坏作用，导致边坡的失稳[156]。

露天矿边坡的稳定性研究一直是露天矿安全生产的关键问题及重要影响因素，而水是导致失稳的直接因素之一，它直接影响边坡岩土体的性质、结构面的强度等因素，从而改变边坡的受力极限平衡状态，一般以降雨、地表水、地下水形式作用于边坡[157]。一些学者在此方面做出了相关的研究，如利用数学模型及模拟方法探讨边坡降雨入渗的过程[158]；利用摩尔-库仑准则及极限平衡方法通过考虑基质吸力研究边坡稳定性[159]；利用有限元方法进行土体应力-应变和破坏接近度计算[160]，用 FLAC^{3D} 软件模拟渗流场[161]或者通过实验的方法模拟渗流条件[162]，分析边坡的稳定性。

司家营研山铁矿露天采场东帮第四系岩层含透水性、富水性极强的砂砾卵石层，为保证东帮稳定性和矿山安全，采场东帮采用防渗墙处理，故开展处理前后稳定性研究意义重大。本章利用 FLAC^{2D} 岩土软件对边坡帷幕注浆前后边坡稳定性进行数值模拟对比研究。

5.1 研究方案

在分析边坡稳定性时，从第 1 年到第 6 年以及第 9 年和第 14 年中选择其中 4 个年度的开采水平进行模拟，分别为开挖到-67m 水平、-127m 水平、-157m 水平和-232m 水平，一共选择 3 个剖面：N24、N26 和 N28 勘探线。之所以选择这几个剖面，是因为 N24、N26 和 N28 这三条勘探线在采剥计划图中处于露天矿中部位置，较好地反映了矿区每年向下开挖的变化情况，而 N18、N20、N22、N30、N32 和 N34 等勘探线对应的位置较偏，这几年的采剥情况在这几个剖面上没有明显变化[37, 38, 163]。

利用 FLAC^{2D} 岩土软件对边坡进行数值模拟，分别对不同勘探线剖面采用防渗墙前后两种状态进行数值模拟，开展了两种状态稳定性的对比研究。

5.2 计算模型

5.2.1 地质力学模型

矿区的平面图如图 5-1 所示。

图 5-1 矿区采场平面图

FLAC 模拟的力学模型为几个典型的剖面，N24、N26、N28 3 个剖面图如图 5-2~图 5-4 所示，地层分布图如 5-5 所示。

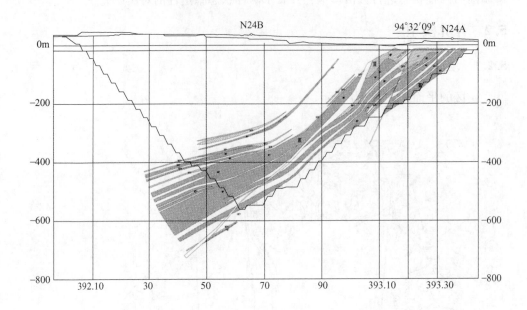

图 5-2　N24 剖面图

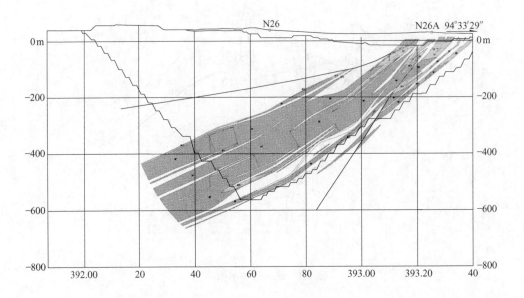

图 5-3　N26 剖面图

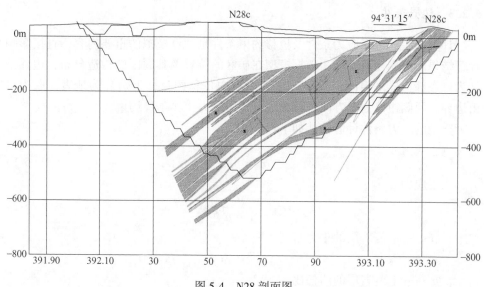

图 5-4 N28 剖面图

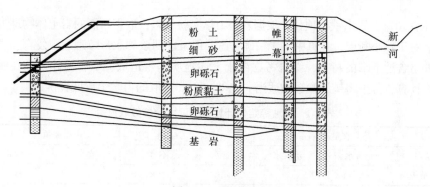

图 5-5 地层分布图

5.2.2 计算模型

本次模拟主要研究东帮边坡采用防渗墙处理前后边坡的稳定性，并将结果进行对比，重点观察东部土层部分的变化趋势。

根据实际地形及开挖情况设计，模型范围为矿区 1320～1650m，标高为 20～−80m。网格设计为 165×50 网格，有 8250 个单元。

研山铁矿出露地层岩性以第四系为主，东帮边坡以第四系冲洪积砂、砂砾卵石层为主，而 FLAC 中自带的摩尔-库仑模型适合于一般松散状的岩体力学行为，如边坡稳定性问题，因此研山铁矿边坡稳定性研究模型采用摩尔-库仑本构模型。

5.2.3　边界条件

计算模型的边界应力条件及位移约束条件是计算模拟的重要内容，直接影响计算结果的可靠性及精度，依据模型在矿区的位置及其周围的构造分布，边界条件为：底部边界采用固定铰，x、y 两个方向位移约束，上边界为地表，取为自由边界，两侧边界为 x 方向位移约束，采用应力边界条件约束。

模型的应力条件计算公式如下：

垂直应力 σ_v

$$\sigma_v = \rho g h \tag{5-1}$$

水平应力 σ_h

$$\sigma_h = \frac{\mu}{1-\mu}\rho g h \tag{5-2}$$

式中　ρ——上覆岩层的重力密度；

　　　　h——深度；

　　　　μ——上覆岩层的泊松比。

5.3　选取模型参数

依托司家营研山铁矿项目，根据岩石力学实验成果，取得所需的岩土体物理力学参数。对于较小断层，计算中不予精确考虑，但考虑到该矿东帮节理裂隙发育、岩体破碎并富含地下水的特点，综合考虑由于上述地质因素造成，矿岩整体力学性质下降，在计算过程中将矿岩参数做适当弱化[164, 165]。选取的力学参数见表5-1。

表 5-1　边坡稳定性计算各土层力学参数取值

土层	容重/g·cm^{-3}		内聚力 C/MPa		内摩擦角/(°)	
状态	含水	不含水	含水	不含水	含水	不含水
杂填土	1.72		3×10^{-3}	3.75×10^{-3}	17	21
粉土	1.697		1.2×10^{-2}	1.5×10^{-2}	10	13
粉砂	1.95		4×10^{-3}	5×10^{-3}	23	29
粉细砂	1.98		3×10^{-3}	3.75×10^{-3}	25	31
卵石	2.1		1×10^{-3}	1.25×10^{-3}	35	44
粉质黏土	1.94		4×10^{-2}	5×10^{-2}	10	13
中砂	1.98		3×10^{-3}	3.75×10^{-3}	25	31
卵石	2.12		3×10^{-3}	3.75×10^{-3}	35	44
砂质黏性土	2.028		2.2×10^{-2}	2.75×10^{-2}	20	25
基岩	2.65		5.5×10^{-2}	6.875×10^{-2}	35	44
花岗岩	2.6		2.93	2.93	42	42
矿石	3.33		11.35	11.35	39	39

其中，由弹性模量和泊松比计算出体积模量和剪切模量：

$$K = \frac{E}{3(1 - 2\mu)} \qquad (5-3)$$

$$G = \frac{E}{2(1 + \mu)} \qquad (5-4)$$

式中　K——体积模量；

　　　G——剪切模量；

　　　E——弹性模量；

　　　μ——泊松比。

防渗墙两侧的岩石力学参数不一致，在防渗墙新河一侧含水，边坡一侧没有水，防渗墙采用塑性混凝土，28d 抗压强度大于 4.0MPa，渗透系数小于1×10^{-8}cm/s，即抗渗等级为 W8，墙体弹性模量 800 ~ 1200MPa，并确保防渗墙的连续性。防渗墙参数选取见表 5-2。

表 5-2　防渗墙力学参数

名称	容重 /g·cm^{-3}	抗压强度 /MPa	C /MPa	ϕ/(°)	弹性模量 E/MPa	泊松比	体积模量 K /MPa	剪切模量 G /MPa	渗透系数 /cm·s^{-1}
防渗墙	3	4.5	0.3	36	1000	0.24	640	403	1×10^{-8}

5.4　防渗墙设计参数论证

5.4.1　渗透系数的要求

根据《河北钢铁集团矿业有限公司司家营铁矿二期采矿工程露天采场东部边帮防治水工程技术要求》，新河是人工开挖的输水渠道，最近处距离露天采场最终境界线 61m，流量受人为控制，多年平均流量 31m³/s（1963 ~ 2003 年），近 5 年流量变化在 0.24 ~155.05m³/s 之间。据长期观测年水位变幅为 1.33m。场区与新河定水头相邻，根据勘察资料，其相邻附近位置主要地层为第四系冲积砂、砂砾卵石层，该层受新河补给孔隙潜水丰富，因此东段为涌水通道，会向采场内涌水，根据《唐钢滦县司家营铁矿二期工程初步设计》矿坑东部边帮涌水量正常为 33542m³/d，最大为 62994m³/d。

根据前期资料本工程的目的是防止向矿坑内涌水，其效果参照国内施工经验，防渗效果应达到 90% 以上，即工程实施后采场边坡无明显涌水点。

若按等效渗径的方法近似考虑，防渗墙渗透系数比原地层渗透系数降低多少，就等于渗径延长多少倍，所以从渗流理论上讲防渗墙与其所穿过地层的渗透系数的比例关系和墙体厚度一起决定防渗墙的功能。从该功能考虑当然渗透系数越小越好，但防渗墙渗透系数的降低受到施工技术和成本限制，从目前大多数施工企业的施工技术、控制能力和成本来看，将高喷防渗墙的渗透系数设计指标定为 $k \leqslant i \times 10^{-8}$（$1 \leqslant i < 10$）是较为合适的。

5.4.2　高喷防渗墙的厚度

本工程使用的是单排桩连续墙，这意味着每根桩以及每相邻两根桩的搭接与相邻必须满足设计要求。

防渗墙渗透系数为（$1 \leqslant i < 10$）$\times 10^{-8}$ cm/s 的防渗墙厚度考虑 25cm、30cm、40cm 几种情况，根据封闭式防渗墙结构模型分析表明，防渗墙下游平台脚部的垂直出逸比降随防渗墙厚度增大而降低，但在几种条件下结果变化幅度不大，因此综合考虑技术经济等因素本工程防渗墙厚度取平均有效厚度不小于 40cm，最小不小于 30cm。

5.4.3　抗压强度

抗压强度是墙体刚度的表现，根据高喷墙的功能和受力方式，按照二维有限元应力-应变分析，由于高喷墙在固定作用下应属剪切破坏，参考国内相关的工程实例进行设计，同时考虑本工程场区地层特性高喷墙体 $R_{28} \geqslant 4$MPa（平均值）应无问题。

5.4.4　其他指标

本工程防渗墙性能是第一位的，因此渗透系数是一个控制性指标，墙体连续性也是主要指标，根据国内经验钻孔垂直度不大于 1% 完全可行，因此选用钻孔设备应选择垂直度精确、施工中容易控制的工程钻机，同时对于大于 20m 钻孔进行测斜，保证垂直度。设计中其他指标主要也是从以上几个方面考虑，同时结合国内类似工程经验及综合技术、经济等因素分析确定。

5.5　建模过程

（1）根据实际采矿地质条件确定模型的材料及性质；
（2）根据开采设计的实际情况，建立模型的几何形状，生成网格模型；
（3）确定边界和初始条件，进行初始运行；
（4）模拟开挖过程，观察模型变化；
（5）获得数值模型输出的结果，并对其进行分析。

5.6　数值模拟结果分析

5.6.1　N24 剖面的模拟过程及结果分析

N24 勘探线模拟 4 年的网格模型及防渗墙位置如图 5-6 和图 5-7 所示。为方便之后分析说明，现将含水状态的边坡模型定义为模型一，采用防渗墙处理之后的边坡模型定义为模型二。

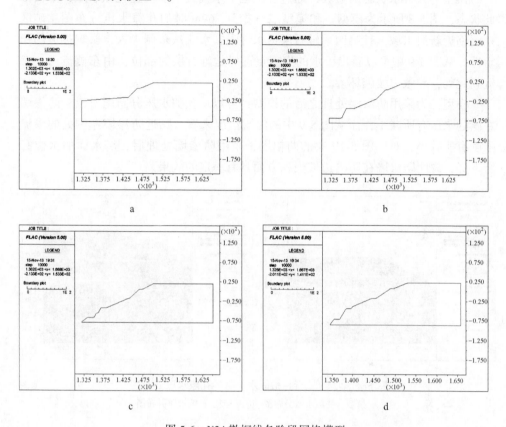

图 5-6　N24 勘探线各阶段网格模型

a—开挖到−67m 水平的网格模型；b—开挖到−127m 水平的网格模型；
c—开挖到−157m 水平的网格模型；d—开挖到−232m 水平的网格模型

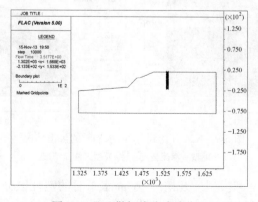

图 5-7　N24 勘探线防渗墙位置

5.6.1.1　N24 开挖到-67m 水平时的模拟结果分析

模型一为含水状态的边坡，通过设置地下水模式，并设置孔隙水压，来模拟此状态，图 5-8 所示为模型一和模型二开挖到-67m 时的孔隙水压分布图。矿区东侧临近新河水域，且第四系砾石层透水性强，水流从东侧渗入，影响边坡的稳定性。从图 5-9 中可以看出，水的出露点正好是砾石层的部位，由东侧流入，渗流到此处，导致边坡破坏。

模型二为采用防渗墙处理之后的模型，可以从孔隙水压分布图看出，防渗墙左侧的水压有所减小，而从图 5-9 中的渗流情况来看，贴近防渗墙左侧处的渗流强度有所减小；对比图 5-10 中的两幅图，采用防渗墙处理后，潜水面的水位有所下降，说明防渗墙在防治边坡失稳方面具有一定的效果。

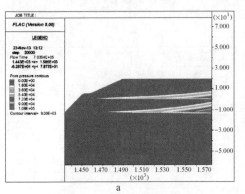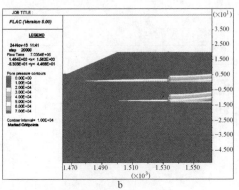

图 5-8　N24 开挖到-67m 水平时的孔隙水压分布图
a—模型一孔隙水压分布图；b—模型二孔隙水压分布图

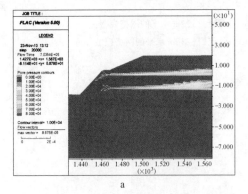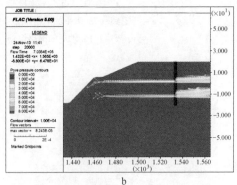

图 5-9　N24 开挖到-67m 水平时的渗流情况
a—模型一渗流情况；b—模型二渗流情况

图 5-11 为模型一和模型二开挖到-67m 水平时的塑性区分布图。其中"＊"代表单元处于压剪屈服状态，"×"代表单元现状处于弹性，在计算过程中曾经

处于屈服状态（在 FLAC 计算迭代过程中，某一时步下该单元处于屈服状态，随着应力的调整，该单元又恢复到弹性状态），"○"代表单元处于拉伸屈服状态。

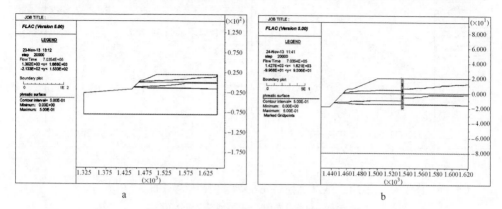

图 5-10　N24 开挖到-67m 水平时的潜水面

a—模型一潜水面；b—模型二潜水面

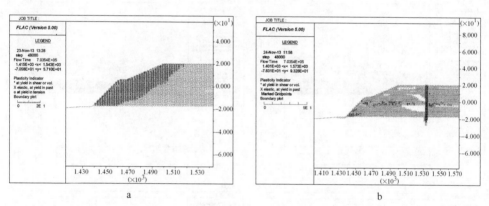

图 5-11　N24 开挖到-67m 水平时的塑性区分布图

a—模型一塑性区分布图；b—模型二塑性区分布图

由图 5-11a 可见，模型一即含水状态的边坡，渗水处已出现压剪屈服状态，小部分出现拉伸屈服，而经过防渗墙处理后的边坡（图 5-11b），处于压剪屈服状态的部位明显减少。

通过对模型一和模型二开挖到-67m 水平时的位移分布图（图 5-12）进行分析比较，表明：模型一渗水处位移变化较大，采用防渗墙处理后，位移明显减小。

图 5-13 分别为模型一和模型二应开挖到-67m 水平时的应力分布云图，采用防渗墙处理前后应力变化不大，最大主应力沿坡面分布，由上至下越来越大；最小主应力主要为垂直坡面分布，其值均为负值，都为压应力，没有拉应力出现。

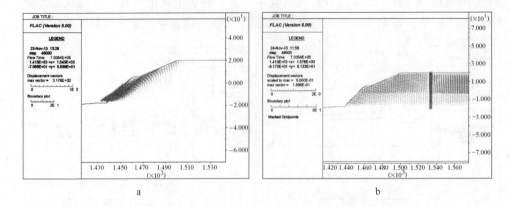

图 5-12　N24 开挖到-67m 水平时的位移分布图

a—模型一位移分布图；b—模型二位移分布图

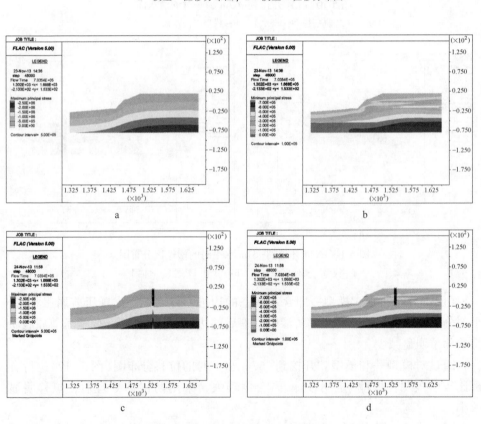

图 5-13　N24 开挖到-67m 水平时的应力分布图

a—模型一最大主应力分布图；b—模型一最小主应力分布图；

c—模型二最大主应力分布图；d—模型二最小主应力分布图

图 5-14a 所示为模型一开挖到-67m 水平时的剪切应变率分布图，从图中可以很明显地看出，剪切应变率集中分布，形成了一条剪切带，刚好是边坡渗水处，可见水因素对边坡稳定性的影响，而经过防渗墙处理之后的边坡（图 5-14b），剪切应变率分布的比较分散，不易破坏。

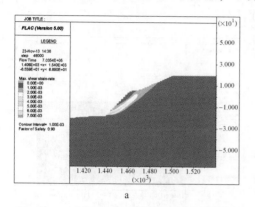
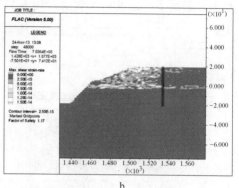

图 5-14　N24 开挖到-67m 水平时的剪切应变率分布图

a—模型一剪切应变率分布图；b—模型二剪切应变率分布图

另一方面，从安全系数上来看，经计算结果可知，含水边坡的安全系数为 0.9，而采用防渗墙处理之后的边坡，安全系数可以达到 1.17。从剪切应变率图也可看到存在的局部剪切带，会导致局部滑移破坏；进行防渗墙处理之后，边坡稳定性有所提高，大于 1.15，说明设置防渗墙边坡是稳定的。可见，经防渗墙处理后的边坡达到了很好的堵水效果，有效维护了富水东帮边坡的安全稳定。

5.6.1.2　N24 开挖到-127m 水平时的模拟结果分析

N24 勘探线开挖到-127m 水平时，两种模型的孔隙水压分布图如图 5-15 所示，

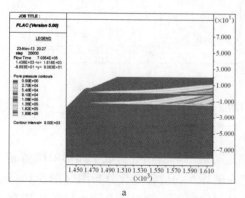
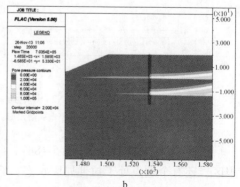

图 5-15　N24 开挖到-127m 水平时的孔隙水压分布图

a—模型一孔隙水压分布图；b—模型二孔隙水压分布图

模型一是含水边坡，未经防渗墙处理之前，临近边坡砾石层出露点处的孔隙水压与采用防渗墙处理之后的边坡相比，前者高于后者，防渗墙左侧孔隙水压显著减小。

东部新河渗流，水流由砾石层渗出，方向自东向西，对比采用防渗墙处理之后的效果（图5-16），水流经防渗墙处，流量有所减小，潜水面高度也有下降的趋势，起到了一定的堵水效果（图5-17）。

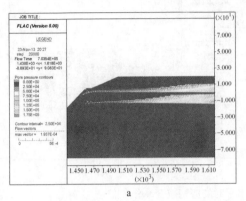 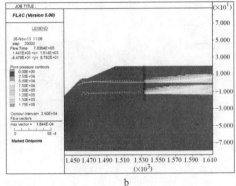

图 5-16 N24 开挖到-127m 水平时的渗流情况

a—模型一渗流情况；b—模型二渗流情况

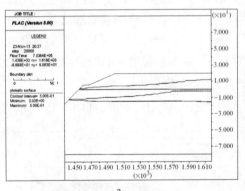 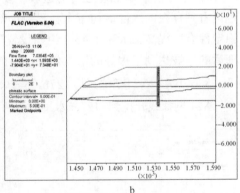

图 5-17 N24 开挖到-127m 水平时的潜水面

a—模型一潜水面；b—模型二潜水面

观察模型一的塑性区（图5-18a），临近边坡的砾石层处形成了弧形的压剪屈服区，还有个别点处于拉伸屈服状态，容易破坏，而位移变化分布图（图5-19a）也显示出弧形屈服区的位移变化较大，而且方向向下，第四系上覆土层发生滑移现象；采用防渗墙处理之后的边坡，压剪屈服区明显减小，位移变化在数值上也有所缩小。

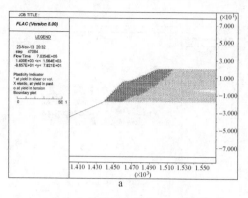
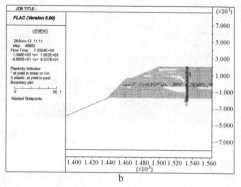

图 5-18　N24 开挖到−127m 水平时的塑性区分布图

a—模型一塑性区分布图；b—模型二塑性区分布图

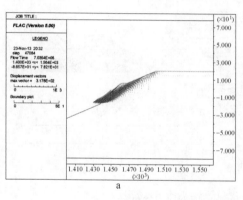
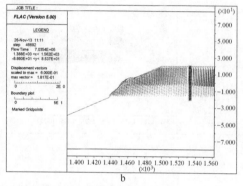

图 5-19　N24 开挖到−127m 水平时的位移分布图

a—模型一位移分布图；b—模型二位移分布图

图 5-20 分别为模型一和模型二的最大主应力和最小主应力分布图，最大主应力基本没有太大变化，主要沿坡面平行方向分布；由最小主应力分布图可以看出，采用防渗墙处理之后的边坡应力有所变化，尤其是在防渗墙左侧，应力数值减小，模型一中出现了拉应力，而模型二中无拉应力。

对比采用防渗墙前后的剪切应变率分布图（图 5-21）也可以看出明显的变化：模型一中形成了明显的剪切破坏带，该部分最易破坏，甚至失稳；而模型二，经防渗墙处理之后，剪切应变分布的较为分散，不易破坏。

另一方面，采用防渗墙处理之后，安全系数也有所提升，由 0.9 变为 1.17，边坡更加稳定。

5.6.1.3　N24 开挖到−157m 水平时的模拟结果分析

模型开挖到−157m 水平时，孔隙水压如图 5-22 所示，位置为砾石层部分。采用防渗墙处理之后，孔隙水压减小，尤其是防渗墙左侧。

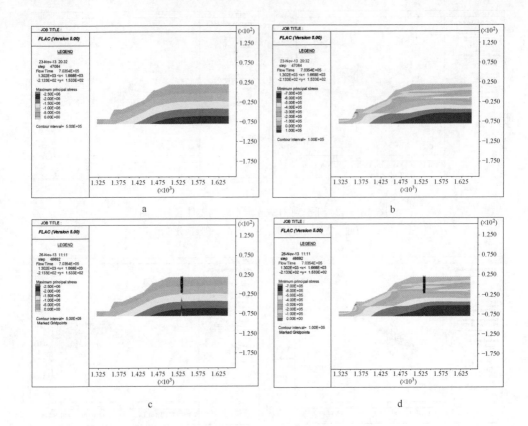

图 5-20　N24 开挖到 -127m 水平时的应力分布图

a—模型一最大主应力分布图；b—模型一最小主应力分布图；
c—模型二最大主应力分布图；d—模型二最小主应力分布图

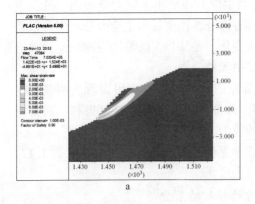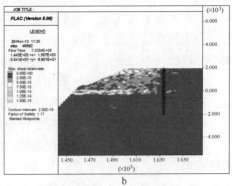

图 5-21　N24 开挖到 -127m 水平时的剪切应变率分布图

a—模型一剪切应变率分布图；b—模型二剪切应变率分布图

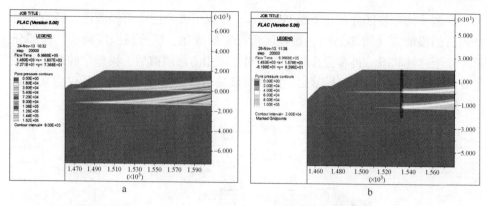

图 5-22　N24 开挖到−157m 水平时的孔隙水压分布图

a—模型一孔隙水压分布图；b—模型二孔隙水压分布图

　　渗流情况：由东侧新河流向西侧，出露点为砾石层位置，经防渗墙处理之后，水流明显减少，潜水面位置也有所下降（图 5-23 和图 5-24）。

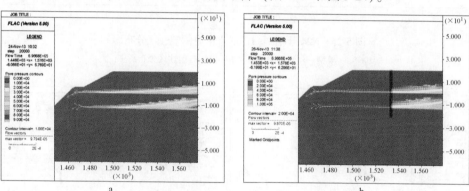

图 5-23　N24 开挖到−157m 水平时的渗流情况

a—模型一渗流情况；b—模型二渗流情况

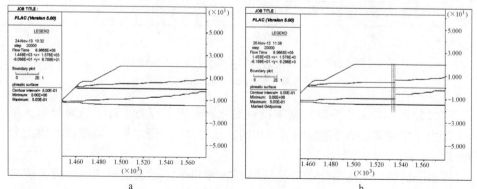

图 5-24　N24 开挖到−157m 水平时的潜水面

a—模型一潜水面；b—模型二潜水面

　　模型一的塑性区分布如图 5-25a 所示，形成了大片的压剪屈服区，经防渗墙处理后的模型二（图 5-25b），塑性区情况有所变化，压剪屈服区减小，大部分单元处于弹性状态。再看位移的变化，对比采用防渗墙前后，模型一的最大位移主要出现在压剪屈服区，模型二中位移明显减小，位移变化的最大量仅为 0.19m（图 5-26）。

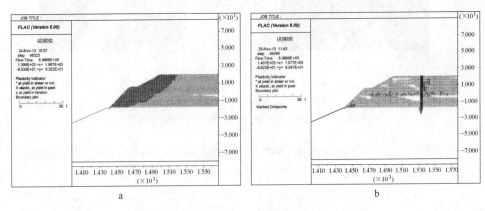

图 5-25　N24 开挖到-157m 水平时的塑性区分布图

a—模型一塑性区分布图；b—模型二塑性区分布图

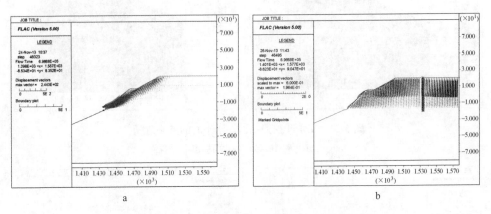

图 5-26　N24 开挖到-157m 水平时的位移分布图

a—模型一位移分布图；b—模型二位移分布图

　　应力分布云图（图 5-27）基本没有变化，最大主应力平行于坡面分布。最小主应力变化与第五年开挖时的情况相同，经防渗墙处理之后，防渗墙左侧应力有所减小。

　　模型一的剪切应变率分布情况从图 5-28 中可见，形成了剪切破坏带，剪应力最大值出现在砾石层位置，说明此处最容易破坏。经防渗墙处理之后，剪切应变分布较为均匀，不集中于一处，不易破坏。

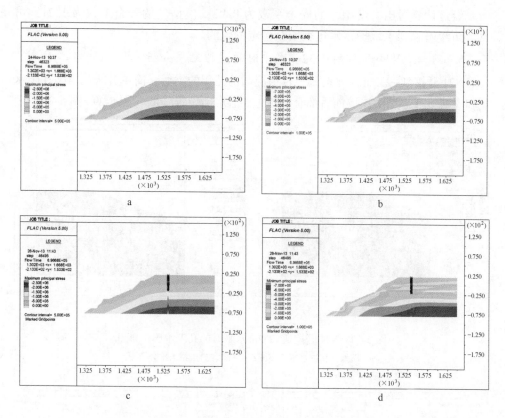

图 5-27　N24 开挖到-157m 水平时的应力分布图

a—模型一最大主应力分布图；b—模型一最小主应力分布图；

c—模型二最大主应力分布图；d—模型二最小主应力分布图

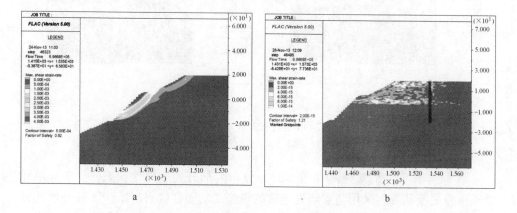

图 5-28　N24 开挖到-157m 水平时的剪切应变率分布图

a—模型一剪切应变率分布图；b—模型二剪切应变率分布图

经过计算得出，模型一的安全系数为 0.92，模型二的安全系数为 1.21，可见，防渗墙起到了维护富水边坡安全稳定的目的。

5.6.1.4　N24 开挖到-232m 水平时的模拟结果分析

N24 开挖到-232m 水平时稳定性情况与前几年的类似，简单分析如下，孔隙水压和渗流量在采用防渗墙前后都有所减小，潜水面位置降低（图 5-29~图 5-31）。

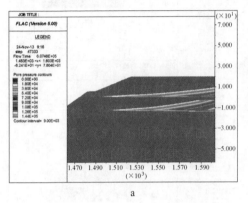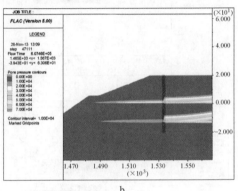

a　　　　　　　　　　　　　　　b

图 5-29　N24 开挖到-232m 水平时的孔隙水压分布图
a—模型一孔隙水压分布图；b—模型二孔隙水压分布图

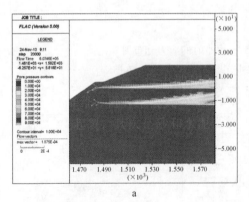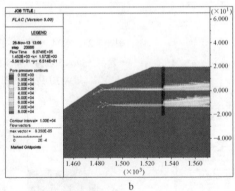

a　　　　　　　　　　　　　　　b

图 5-30　N24 开挖到-232m 水平时的渗流情况
a—模型一渗流情况；b—模型二渗流情况

第 14 年模型一的塑性区（图 5-32）分布大部分处于弹性状态，少部分单元处于压剪屈服状态。采用防渗墙处理后的模型二的塑性区有所减少，部分单元没有塑性区；再看位移（图 5-33）的变化，由最大位移量 0.35 变成了 0.19。应力分布云图无明显变化；如图 5-34 所示，最小主应力未经防渗墙处理之前，存在拉应力，模型二中没有了拉应力。

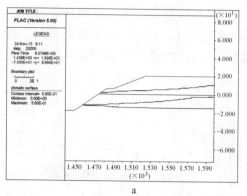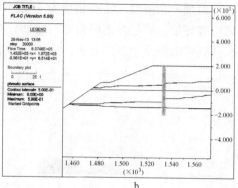

图 5-31　N24 开挖到-232m 水平时的潜水面

a—模型一潜水面；b—模型二潜水面

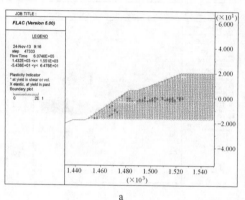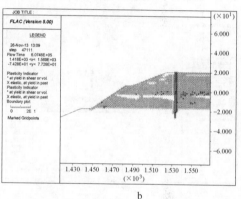

图 5-32　N24 开挖到-232m 水平时的塑性区分布图

a—模型一塑性区分布图；b—模型二塑性区分布图

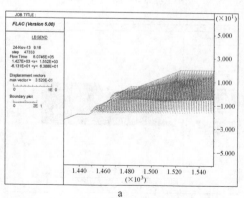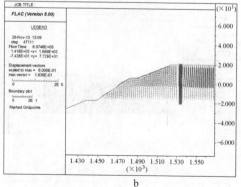

图 5-33　N24 开挖到-232m 水平时的位移分布图

a—模型一位移分布图；b—模型二位移分布图

模型一和模型二的剪切应变率分布图如图 5-35 所示，虽然模型一中未形成剪切破坏带，但是在土层及砾石层处分布也较为集中，而且安全系数为 1.14，也未达到矿山安全生产的要求；采用防渗墙处理之后的模型二，剪切应变分布稍有

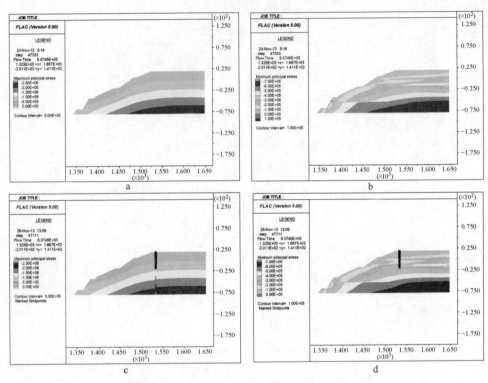

图 5-34　N24 开挖到 -232m 水平时的应力分布图

a—模型一最大主应力分布图；b—模型一最小主应力分布图；
c—模型二最大主应力分布图；d—模型二最小主应力分布图

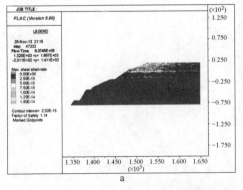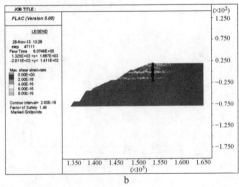

图 5-35　N24 开挖到 -232m 水平时的剪切应变率分布图

a—模型一剪切应变率分布图；b—模型二剪切应变率分布图

分散，且数值上相比模型一有所减小。模型一的剪切应变的最大值为 2.5×10^{-15}，而模型二的剪切应变的最大值仅为 2×10^{-16}。此外，模型二的安全系数，经过计算后，得出的数值为 1.49，达到了矿山的安全要求。

5.6.2 N26 剖面的模拟过程及结果分析

N26 剖面模拟开采到四个水平阶段的网格模型及防渗墙位置如图 5-36 和图 5-37所示。将含水状态的边坡模型定义为模型一，采用防渗墙处理之后的边坡模型定义为模型二。

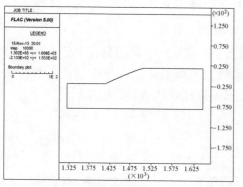
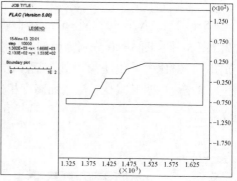

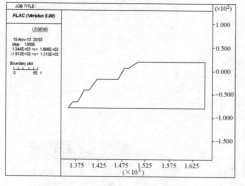
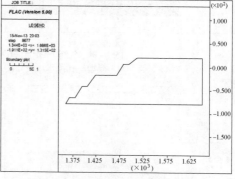

图 5-36　N26 勘探线各阶段网格模型

a—开挖到-67m 水平的网格模型；b—开挖到-127m 水平的网格模型；c—开挖到-157m
水平的网格模型；d—开挖到-232m 水平的网格模型

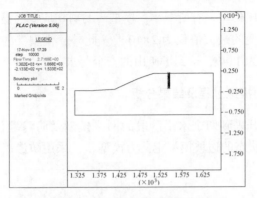

图 5-37　N26 勘探线防渗墙位置

5.6.2.1　N26 开挖到-67m 水平的模拟结果分析

图 5-38~图 5-40 分别为模型一和模型二孔隙水压、渗流情况和潜水面的分布图。经对比，采用防渗墙处理后，防渗墙左侧处的孔隙水压在数值上有所减小，渗流量也明显减少，潜水面高度相比未经处理前的边坡有所降低。

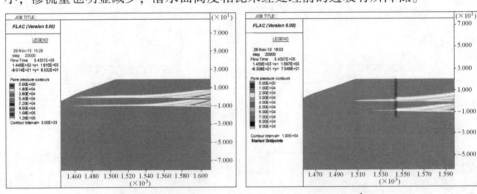

a　　　　　　　　　　　　　　　　　　　　b

图 5-38　N26 开挖到-67m 水平的孔隙水压分布图

a—模型一孔隙水压分布图；b—模型二孔隙水压分布图

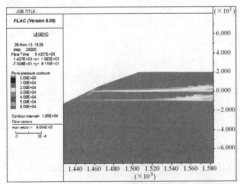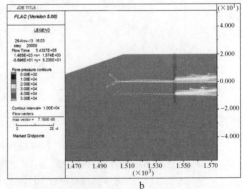

a　　　　　　　　　　　　　　　　　　　　b

图 5-39　N26 开挖到-67m 水平的渗流情况

a—模型一渗流情况；b—模型二渗流情况

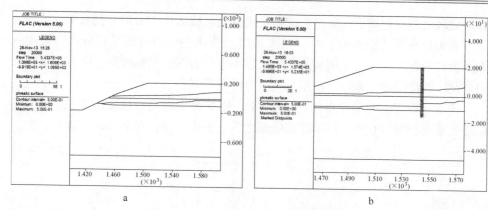

图 5-40　N26 开挖到-67m 水平的潜水面

a—模型一潜水面；b—模型二潜水面

从塑性区分布图（图 5-41）中可以看出，由于边坡坡角较缓，单元基本上处于弹性状态，没有明显破坏，从位移分布图（图 5-42）中也可以看出；经防

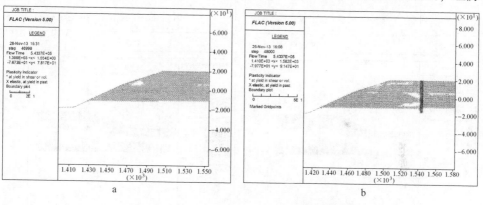

图 5-41　N26 开挖到-67m 水平的塑性区分布图

a—模型一塑性区分布图；b—模型二塑性区分布图

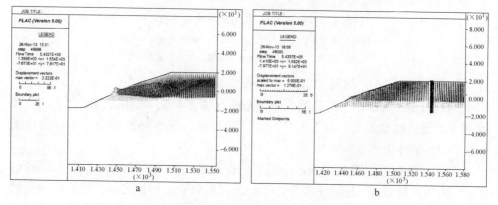

图 5-42　N26 开挖到-67m 水平的位移分布图

a—模型一位移分布图；b—模型二位移分布图

渗墙处理之后，边坡更加安全，位移变化的最大值从 0.22m 减小到 0.12m。

应力分布图（图 5-43）中，最大主应力分布主要沿坡面平行分布，模型一和模型二的最大主应力无明显变化；从最小主应力图中观察可知，应力有小幅度的变化，相比模型一来讲，模型二的应力值有所减小。

模型一剪切应变率分布图（图 5-44）分布较为均匀，且安全系数为 1.46，边坡处于安全稳定状态，经防渗墙处理之后，更为安全，安全系数达到了 1.92。

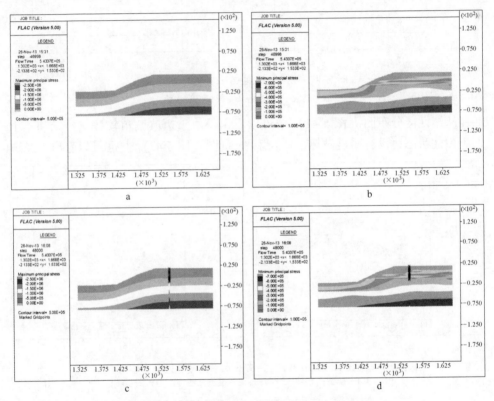

图 5-43　N26 开挖到 -67m 水平的应力分布图

a—模型一最大主应力分布图；b—模型一最小主应力分布图；
c—模型二最大主应力分布图；d—模型二最小主应力分布图

5.6.2.2　N26 开挖到 -127m 水平的模拟结果分析

对比模型一和模型二的孔隙水压分布图（图 5-45），采用防渗墙之后，孔隙水压尤其是防渗墙左侧的部分有所减小，渗流量（图 5-46）也变小了，潜水面（图 5-47）的变化不是很明显。

塑性区分布图如图 5-48 所示。模型一在土层及砾石层部分形成弧形屈服区，"＊"为压剪屈服区，还有小部分处于拉伸屈服状态。相比之下，模型二中虽然也形成了压剪屈服区，但面积明显变小，说明防渗墙起到了一定堵水的作用。

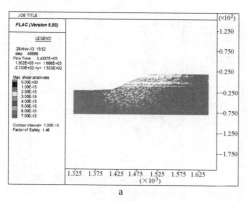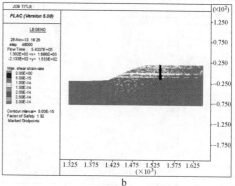

a   b

图 5-44　N26 开挖到−67m 水平的剪切应变率分布图

a—模型一剪切应变率分布图；b—模型二剪切应变率分布图

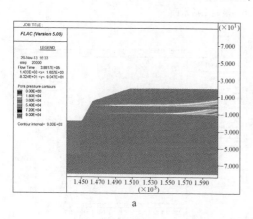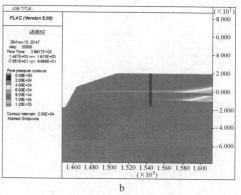

a   b

图 5-45　N26 开挖到−127m 水平的孔隙水压分布图

a—模型一孔隙水压分布图；b—模型二孔隙水压分布图

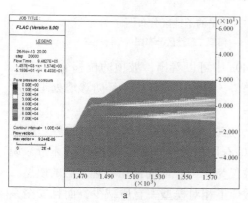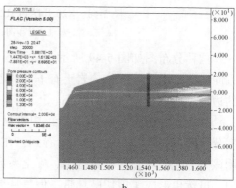

a   b

图 5-46　N26 开挖到−127m 水平的渗流情况

a—模型一渗流情况；b—模型二渗流情况

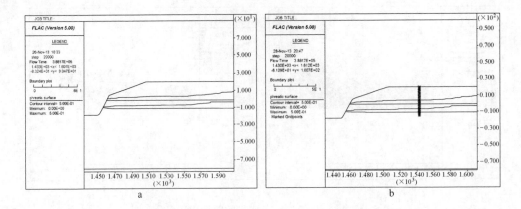

图 5-47 N26 开挖到-127m 水平的潜水面

a—模型一潜水面；b—模型二潜水面

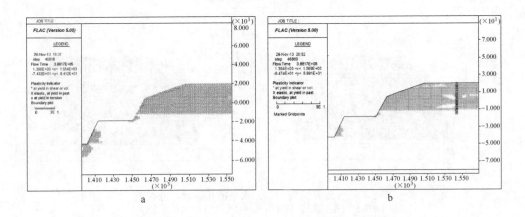

图 5-48 N26 开挖到-127m 水平的塑性区分布图

a—模型一塑性区分布图；b—模型二塑性区分布图

位移分布图如图 5-49 所示。从图 5-49a 中可以看出，坡顶的位移变化较大，方向向下，说明该部位的岩土有下滑的趋势，导致边坡破坏；经防渗墙处理之后的边坡，位移变化量相对减小。

从应力分布云图（图 5-50）中可见，应力变化不大。从模型一的剪切应变率分布图（图 5-51）中，可以看到，在砾石层位置形成了一条剪切破坏带，说明该处最先破坏，经计算得出，安全系数仅为 0.51；经防渗墙处理之后的模型二中，虽然也形成了剪切破坏带，但是从数值上相对模型一有所减少，而且安全系数也提高到了 0.99，稳定性有所提高，但由于砾石层参数较弱，容易破坏，应再采取一些措施来预防边坡失稳。

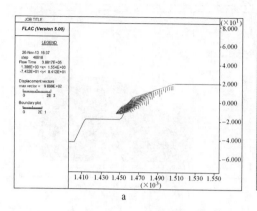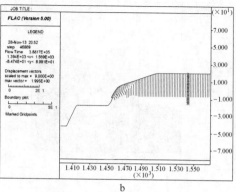

图 5-49 N26 开挖到−127m 水平的位移分布图

a—模型一位移分布图；b—模型二位移分布图

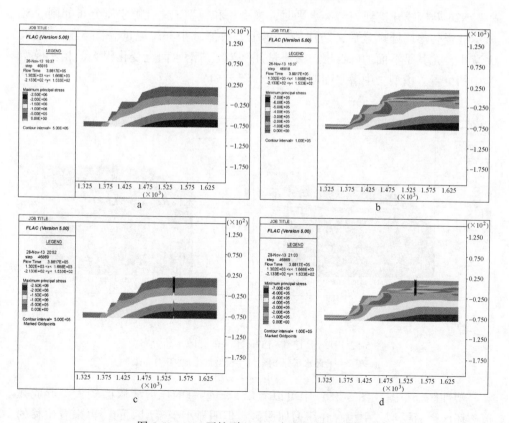

图 5-50 N26 开挖到−127m 水平的应力分布图

a—模型一最大主应力分布图；b—模型一最小主应力分布图；

c—模型二最大主应力分布图；d—模型二最小主应力分布图

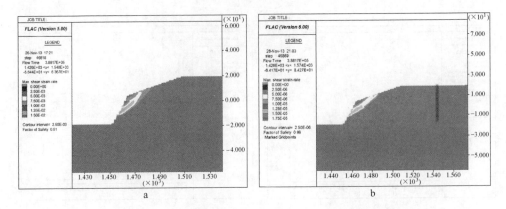

图 5-51　N26 开挖到-127m 水平的剪切应变率分布图

a—模型一剪切应变率分布图；b—模型二剪切应变率分布图

5.6.2.3　N26 开挖到-157m 水平的模拟结果分析

N26 勘探线开挖到-157m 水平时，模型一和模型二的孔隙水压分布如图 5-52 所示。经防渗墙处理之后，防渗墙左侧压力数值减小，渗流量（图 5-53）也大大减小，尤其是下面的砾石层，渗流量几乎为零。潜水面也变化很大，相比模型一中的位置，模型二中潜水面明显下降（图 5-54）。

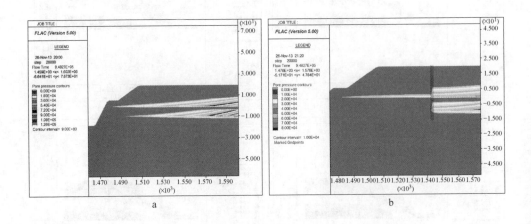

图 5-52　N26 开挖到-157m 水平的孔隙水压分布图

a—模型一孔隙水压分布图；b—模型二孔隙水压分布图

塑性区分布图（图 5-55）中可以看出，模型一的压剪屈服区较大，形成弧形破坏区，而模型二中也存在压剪屈服区，但明显小于模型一的；再来看位移的变化分布图（图 5-56），两种模型的位移变化都比较大，但相对比较而言，模型二较模型一有所减小，可见，防渗墙起到了一定的堵水作用。

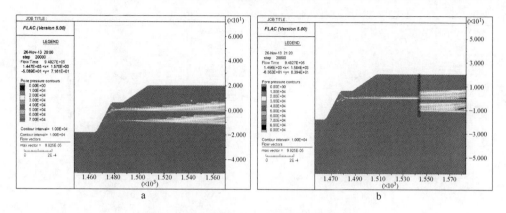

图 5-53　N26 开挖到-157m 水平的渗流情况

a—模型一渗流情况；b—模型二渗流情况

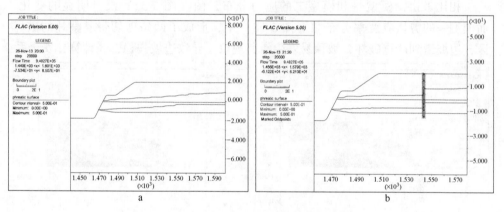

图 5-54　N26 开挖到-157m 水平的潜水面

a—模型一潜水面；b—模型二潜水面

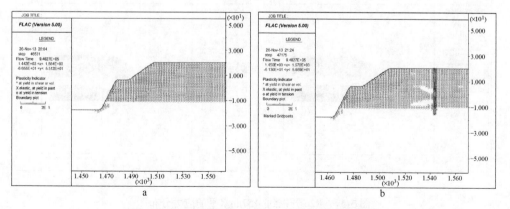

图 5-55　N26 开挖到-157m 水平的塑性区分布图

a—模型一塑性区分布图；b—模型二塑性区分布图

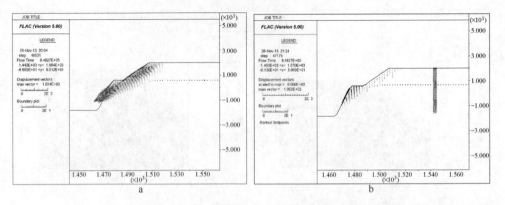

图 5-56　N26 开挖到−157m 水平的位移分布图

a—模型一位移分布图；b—模型二位移分布图

相比来讲，模型一和模型二的应力分布云图（图 5-57）没有明显的变化。而模型一的剪切应变率分布图（图 5-58）中，形成了两条剪切带、整片的破坏区，边坡遭到严重破坏，坡顶易发生滑移现象，导致边坡失稳，经计算，安全系

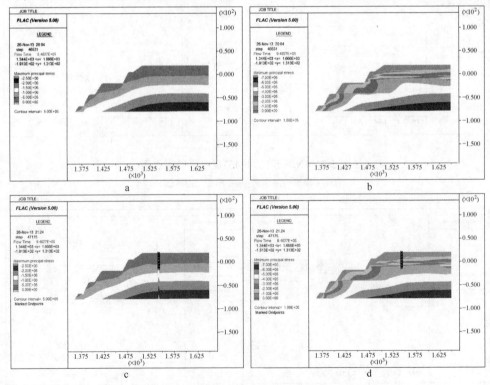

图 5-57　N26 开挖到−157m 水平的应力分布图

a—模型一最大主应力分布图；b—模型一最小主应力分布图；

c—模型二最大主应力分布图；d—模型二最小主应力分布图

数仅为0.2；而经过防渗墙处理过的边坡，剪切破坏带减为一条，并只在砾石层所处的台阶处，且数值上有所减小，虽然安全系数为0.97，没有达到矿山所要求的数值，但此处破坏是因为该层所处的砾石层力学参数较弱，所以容易破坏，与渗流作用无关，故在之后的工程中应采取相关的措施来维护边坡安全。

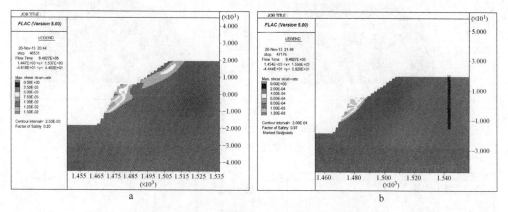

图5-58 N26开挖到-157m水平的剪切应变率分布图

a—模型一剪切应变率分布图；b—模型二剪切应变率分布图

5.6.2.4 N26开挖到-232m水平的模拟结果分析

边坡开挖到-232m水平时，孔隙水压、渗流量及潜水面的变化规律（图5-59~图5-61）与前几个水平阶段类似，只是在数值上有所增加，在此不再逐一分析。

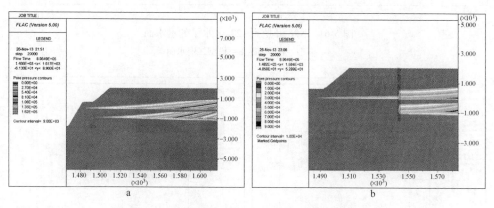

图5-59 N26开挖到-232m水平的孔隙水压分布图

a—模型一孔隙水压分布图；b—模型二孔隙水压分布图

塑性区分布图如图5-62所示。未经防渗墙处理之前的边坡，形成了弧形的压剪屈服区，导致此处产生向下的位移，出现滑移现象；采用防渗墙处理之后，压剪屈服区有所减小，位移变化值也相对变小（图5-63）。

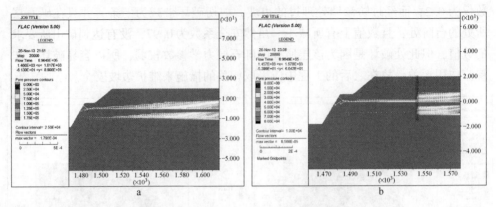

图 5-60　N26 开挖到–232m 水平的渗流情况

a—模型一渗流情况；b—模型二渗流情况

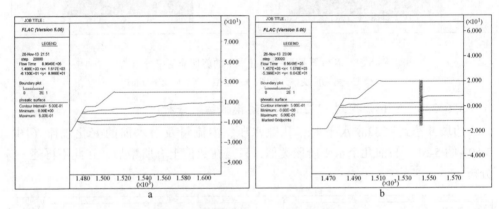

图 5-61　N26 开挖到–232m 水平的潜水面

a—模型一潜水面；b—模型二潜水面

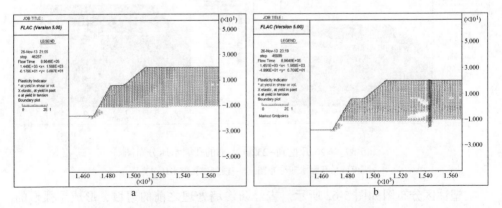

图 5-62　N26 开挖到–232m 水平的塑性区分布图

a—模型一塑性区分布图；b—模型二塑性区分布图

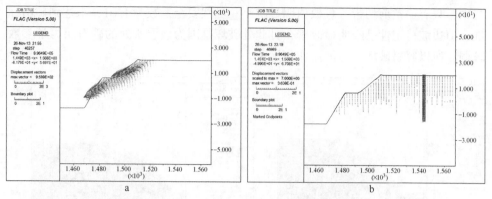

图 5-63 N26 开挖到-232m 水平的位移分布图

a—模型一位移分布图；b—模型二位移分布图

应力分布云图（图 5-64）无明显变化，再看剪切应变率分布图（图 5-65），模型一中形成了相连接的两条剪切带，导致边坡不稳定，安全系数为 0.78；模型

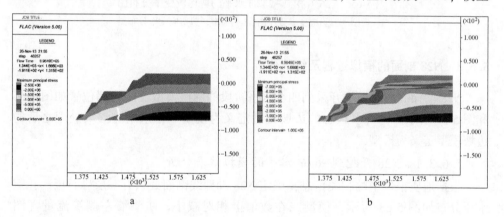

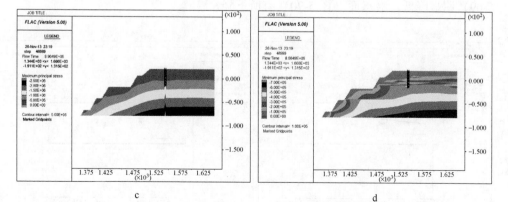

图 5-64 N26 开挖到-232m 水平的应力分布图

a—模型一最大主应力分布图；b—模型一最小主应力分布图；
c—模型二最大主应力分布图；d—模型二最小主应力分布图

二中，只有一条剪切带，且数值明显减小，虽然安全系数为 1.01，未达到矿山标准，但边坡稳定性已经明显改善，且此处破坏是因为该层所处的砾石层力学参数较弱，所以容易破坏，与渗流作用无关。

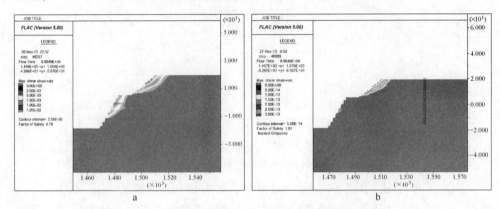

图 5-65　N26 开挖到−232m 水平的剪切应变率分布图

a—模型一剪切应变率分布图；b—模型二剪切应变率分布图

5.6.3　N28 剖面的模拟过程及结果分析

　　N28 勘探线剖面模拟开采到四个水平阶段的网格模型及防渗墙位置如图 5-66 和图 5-67 所示。将含水状态的边坡模型定义为模型一，采用防渗墙处理之后的边坡模型定义为模型二。

　　5.6.3.1　N28 开挖到−67m 水平的模拟结果分析

　　根据地质报告中的相关信息，确定 N28 勘探线剖面处只有一层砾石层。孔隙水压分布如图 5-68 所示，模型二在数值上相对减小，防渗墙左侧渗流量（图 5-69）明显降低，潜水面（图 5-70）有所下降。

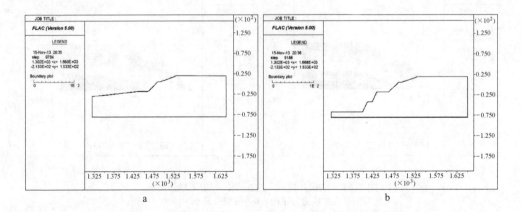

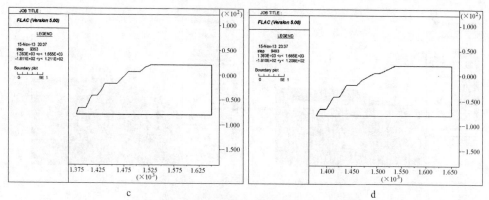

图 5-66 N28 勘探线各阶段网格模型

a—开挖到−67m 水平的网格模型；b—开挖到−127m 水平的网格模型；
c—开挖到−157m 水平的网格模型；d—开挖到−232m 水平的网格模型

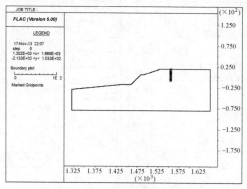

图 5-67 N28 勘探线防渗墙位置

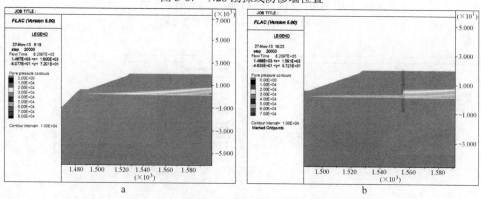

图 5-68 N28 开挖到−67m 水平的孔隙水压分布图

a—模型一孔隙水压分布图；b—模型二孔隙水压分布图

　　模型一的塑性区（图 5-71）主要以弹性状态为主，基本呈稳定状态，采用防渗墙处理后，稳定性更加好，塑性区减少；而从位移分布图（图 5-72）中也不难看出，最大位移量有所减小。

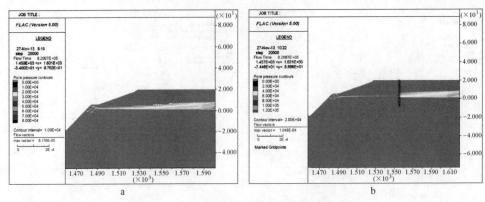

图 5-69　N28 开挖到-67m 水平的渗流情况

a—模型一渗流情况；b—模型二渗流情况

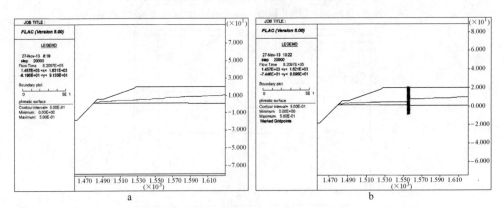

图 5-70　N28 开挖到-67m 水平的潜水面

a—模型一潜水面；b—模型二潜水面

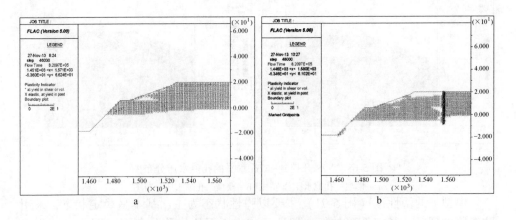

图 5-71　N28 开挖到-67m 水平的塑性区分布图

a—模型一塑性区分布图；b—模型二塑性区分布图

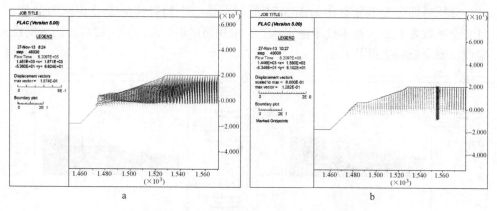

图 5-72 N28 开挖到-67m 水平的位移分布图

a—模型一位移分布图；b—模型二位移分布图

应力分布云图（图 5-73）中，最大主应力基本没有变化，最小主应力在经防渗墙处理之后，左侧应力值有所减小。

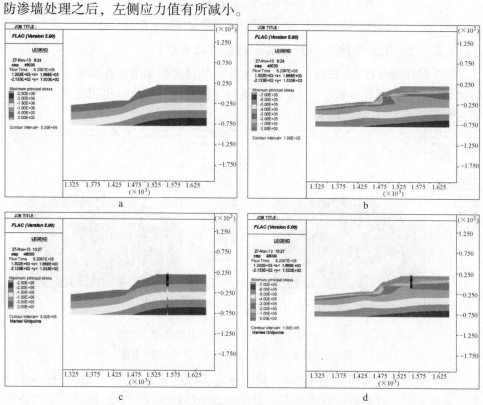

图 5-73 N28 开挖到-67m 水平的应力分布图

a—模型一最大主应力分布图；b—模型一最小主应力分布图；

c—模型二最大主应力分布图；d—模型二最小主应力分布图

分析剪切应变率分布图如图 5-74 所示，模型一的剪切应变分布较为分散，且安全系数为 1.26，基本处于稳定状态；采用防渗墙处理之后，提高了边坡的稳定性，安全系数达到了 1.6。

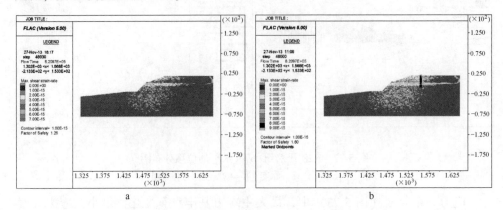

图 5-74　N28 开挖到-67m 水平的剪切应变率分布图

a—模型一剪切应变率分布图；b—模型二剪切应变率分布图

5.6.3.2　N28 开挖到-127m 水平的模拟结果分析

N28 勘探线开挖到-127m 水平时，稳定性情况分析如下。孔隙水压力在采用防渗墙之后，数值有所减小，尤其是防渗墙左侧，而且渗流量也明显减少，潜水面在左侧明显下降（图 5-75~图 5-77）。

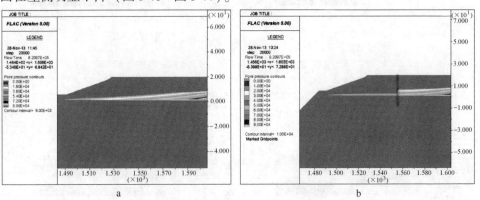

图 5-75　N28 开挖到-127m 水平的孔隙水压分布图

a—模型一孔隙水压分布图；b—模型二孔隙水压分布图

再看塑性区分布图（图 5-78），模型一大部分单元处于弹性状态，有小部分为压剪屈服区，基本处于稳定状态，采用防渗墙处理之后，更加稳定，少部分单元无塑性区。从位移变化分布图（图 5-79）也能看出，采用防渗墙前后的最大位移量从 0.15m 降为 0.12m。

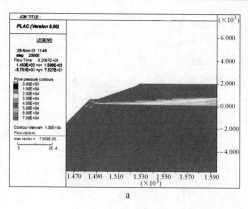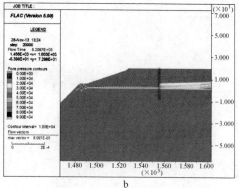

图 5-76 N28 开挖到-127m 水平的渗流情况

a—模型一渗流情况；b—模型二渗流情况

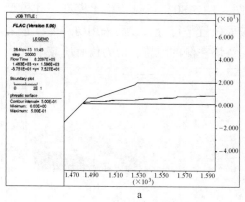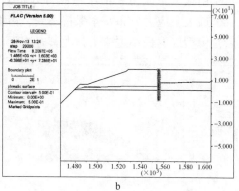

图 5-77 N28 开挖到-127m 水平的潜水面

a—模型一潜水面；b—模型二潜水面

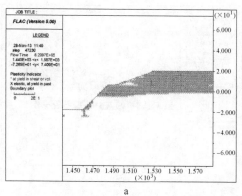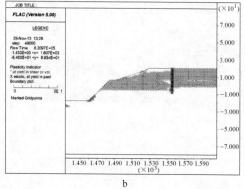

图 5-78 N28 开挖到-127m 水平的塑性区分布图

a—模型一塑性区分布图；b—模型二塑性区分布图

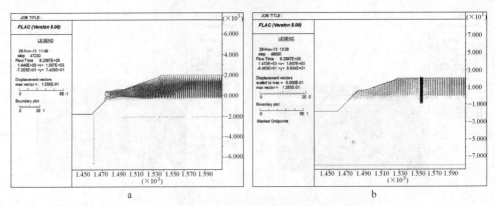

图 5-79　N28 开挖到−127m 水平的位移分布图

a—模型一位移分布图；b—模型二位移分布图

由最大主应力和最小主应力分布云图（图 5-80）可见，相比模型一和模型二，最大主应力分布基本保持不变，沿坡面位置平行分布；而采用防渗墙处理之后，模型二的最小主应力，尤其是临近防渗墙左侧的位置，应力值有所减小。

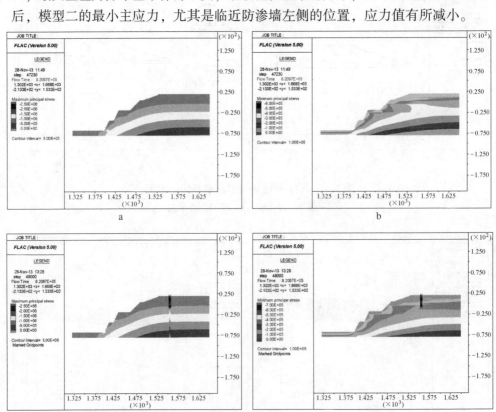

图 5-80　N28 开挖到−127m 水平的应力分布图

a—模型一最大主应力分布图；b—模型一最小主应力分布图；

c—模型二最大主应力分布图；d—模型二最小主应力分布图

从模型一的剪切应变率分布图（图 5-81）中可以看出，剪切应变分布的较为分散，但主要还是集中在土层和砾石层位置，经过计算得出，安全系数为 1.11，虽未达到矿山要求，但边坡基本处于安全状态；而模型二相比之下，剪切应变分布更为均匀，数值上也比模型一中的要小，且安全系数也有所提升，为 1.59。

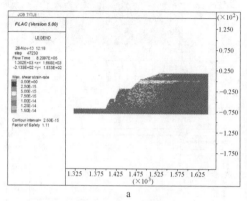 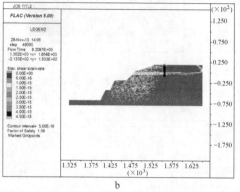

图 5-81　N28 开挖到–127m 水平的剪切应变率分布图

a—模型一剪切应变率分布图；b—模型二剪切应变率分布图

5.6.3.3　N28 开挖到–157m 水平的模拟结果分析

N28 勘探线开挖到–157m 水平时，模拟的稳定性分析如下：孔隙水压等（图 5-82~图 5-84）描述水的参数指标，经防渗墙处理之后，都有下降的趋势。

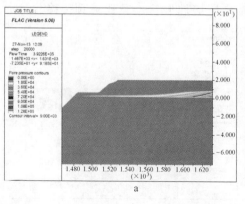 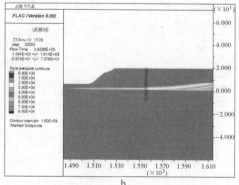

图 5-82　N28 开挖到–157m 水平的孔隙水压分布图

a—模型一孔隙水压分布图；b—模型二孔隙水压分布图

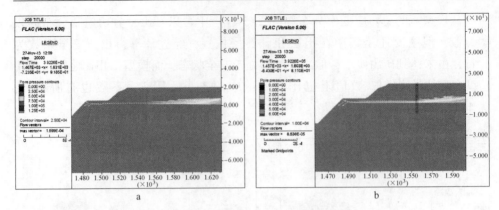

图 5-83　N28 开挖到 -157m 水平的渗流情况

a—模型一渗流情况；b—模型二渗流情况

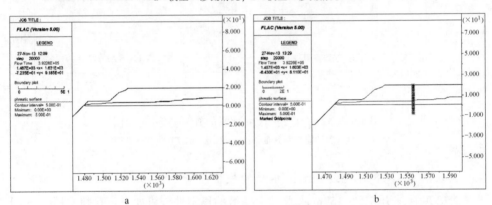

图 5-84　N28 开挖到 -157m 水平的潜水面

a—模型一潜水面；b—模型二潜水面

模型一的塑性区（图 5-85），形成弧形压剪屈服区，导致坡顶位移方向向

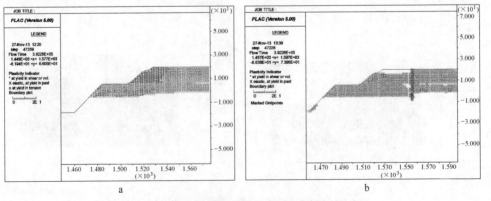

图 5-85　N28 开挖到 -157m 水平的塑性区分布图

a—模型一塑性区分布图；b—模型二塑性区分布图

下，产生滑移；模型二中塑性区以弹性状态为主，且位移变化值有所减小，最大位移量降低至 0.12m（图 5-86）。

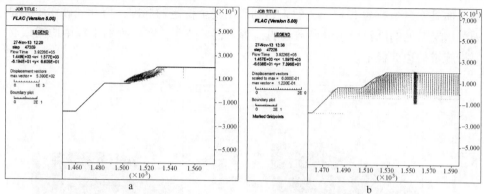

图 5-86　N28 开挖到−157m 水平的位移分布图

a—模型一位移分布图；b—模型二位移分布图

　　对比两种模型的最小主应力分布图（图 5-87），可以看出应力在数值上有所减小。最大主应力基本没有明显的变化，主要沿坡面平行方向分布。

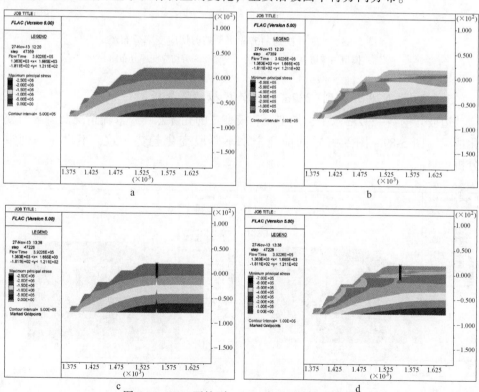

图 5-87　N28 开挖到−157m 水平的应力分布图

a—模型一最大主应力分布图；b—模型一最小主应力分布图；

c—模型二最大主应力分布图；d—模型二最小主应力分布图

　　在模型一的剪切应变率分布图（图 5-88）中，形成了剪切破坏带，安全系数为 0.87，而经防渗墙处理过的模型二中，剪切应变分布相对较为均匀，比较分散，而且安全系数为 1.13，虽然未达到矿山安全稳定的标准，但此处破坏主要是因为该层所处的砾石层力学参数较弱，所以容易破坏，在后续的工程中应采取必要措施维护边坡稳定。

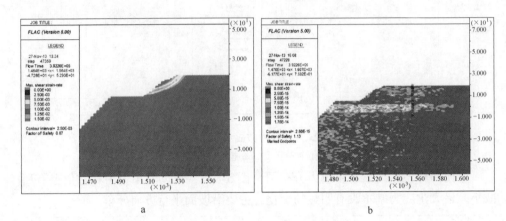

图 5-88　N28 开挖到 -157m 水平的剪切应变率分布图
a—模型一剪切应变率分布图；b—模型二剪切应变率分布图

5.6.3.4　N28 开挖到 -232m 水平的模拟结果分析

　　边坡开挖到 -232m 水平，模型一和模型二的孔隙水压、渗流情况及潜水面变化情况（图 5-89 ~ 图 5-91）同前几个水平阶段变化趋势一致，不再一一列举分析。

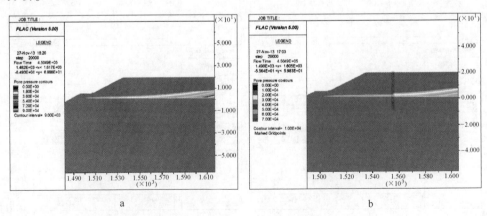

图 5-89　N28 开挖到 -232m 水平的孔隙水压分布图
a—模型一孔隙水压分布图；b—模型二孔隙水压分布图

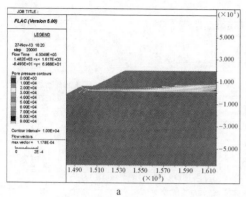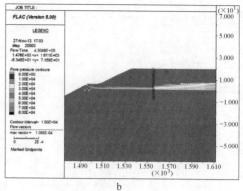

a

b

图 5-90　N28 开挖到-232m 水平的渗流情况

a—模型一渗流情况；b—模型二渗流情况

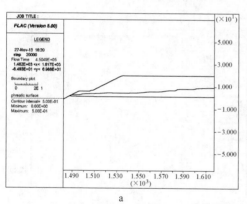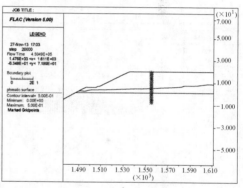

a

b

图 5-91　N28 开挖到-232m 水平的潜水面

a—模型一潜水面；b—模型二潜水面

　　分析两种模型的塑性区分布（图 5-92）情况，由于边坡坡角较缓，模型一土层单元基本上处于弹性状态；模型二经防渗墙处理之后，有部分单元无塑性区，提高了稳定性，位移（图 5-93）变化的最大值也从模型一的 0.17m 降低至模型二中的 0.13m。

　　分析 N28 开挖到-232m 水平时两种模型应力分布图（图 5-94），与-157m 水平比较可见，最大、最小主应力分布宏观上没有较大变化；对比-232m 水平在设置防渗墙前后情况，由于挡墙作用，在近边坡表面局部存在低应力区范围扩大趋势。

　　两种模型的剪切应变率分布图（图 5-95）中，剪切应变分布的都较为分散，模型一虽然安全系数 1.04，未达到矿山标准，但基本处于稳定状态，经防渗墙处理之后，稳定性有所提高，经计算，安全系数为 1.19，达到了矿山边坡安全稳定的要求。

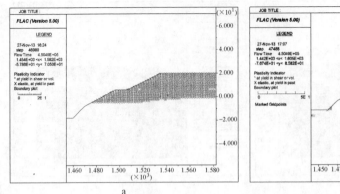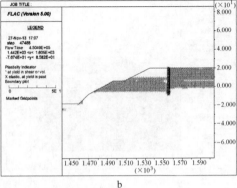

a　　　　　　　　　　　　　　　　b

图 5-92　N28 开挖到 -232m 水平的塑性区分布图

a—模型一塑性区分布图；b—模型二塑性区分布图

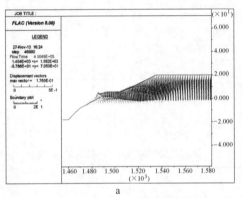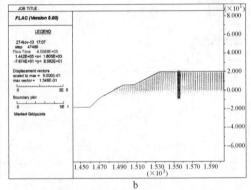

a　　　　　　　　　　　　　　　　b

图 5-93　N28 开挖到 -232m 水平的位移分布图

a—模型一位移分布图；b—模型二位移分布图

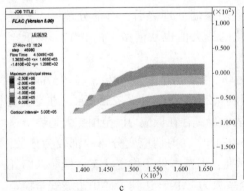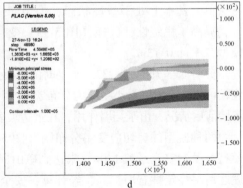

c　　　　　　　　　　　　　　　　d

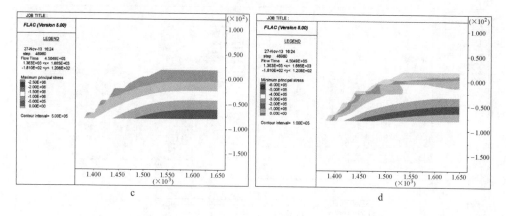

图 5-94　N28 开挖到-232m 水平的应力分布图

a—模型一最大主应力分布图；b—模型一最小主应力分布图；

c—模型二最大主应力分布图；d—模型二最小主应力分布图

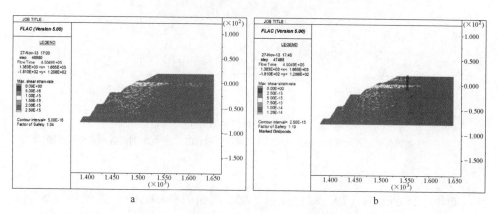

图 5-95　N28 开挖到-232m 水平的剪切应变率分布图

a—模型一剪切应变率分布图；b—模型二剪切应变率分布图

5.6.4　防渗效果与边坡稳定性分析

根据所建立的数值模拟模型，针对位移、孔隙水压、安全系数等，选取适当点位开采到各阶段水平时的数据，形成表格并绘制成折线图，定量的分析防渗效果。

各勘探线选取的点位示意图如图 5-96 所示。N24 剖面的（79，82）、N26 剖面的（80，80）和 N28 剖面的（85，82）都处于边坡的渗水处，易于分析位移变化规律，而其他几对点分别处于防渗墙两侧的位置，便于分析防渗墙的堵水效果。

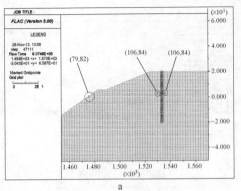
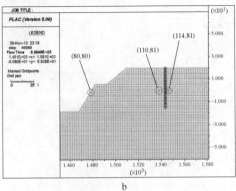

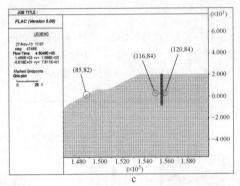

图 5-96　点位示意图

a—N24 剖面选取点位示意图；b—N26 剖面选取点位示意图；c—N28 剖面选取点位示意图

5.6.4.1　位移矢量分析

选取 N24 剖面的（79，82）点位、N26 剖面的（80，80）点位和 N28 剖面的（85，82）点位进行位移矢量变化分析，采集各点开挖到每一水平阶段的位移值，汇总于表 5-3 中，并将其绘制成曲线图，便于开展防渗效果分析。

表 5-3　位移矢量数据表　　　　　　　　　　　　　（m）

监测点位置		开挖到的水平阶段			
		−67m	−127m	−157m	−232m
N24（79，82） 点位位移	模型一	26.29	25.63	51.05	0.16
	模型二	0.14	0.14	0.15	0.09
N26（80，80） 点位位移	模型一	0.13	4.37	840.17	768.09
	模型二	0.07	0.12	52.13	0.27
N28（85，82） 点位位移	模型一	0.07	0.06	0.05	0.06
	模型二	0.04	0.04	0.03	0.05

　　图 5-97 为三条勘探线剖面选取的点位位移矢量对比图。从图中可以看出，总体上，随着开采深度的增加，位移的矢量值大致呈增加趋势，并且三张位移矢量变化图都表明，模型二的位移矢量值均小于模型一的位移矢量值，即采用防渗墙处理之后的边坡模型位移矢量值变小。

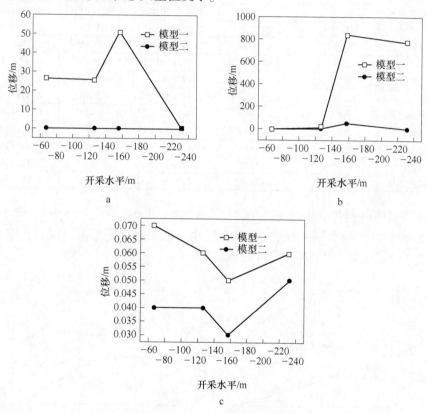

图 5-97　位移矢量变化对比图

a—N24 剖面（79，82）点位位移矢量变化对比图；b—N26 剖面（80，80）点位位移矢量变化对比图；
c—N28 剖面（85，82）点位位移矢量变化对比图

5.6.4.2　孔隙水压分析

　　从 N24、N26、N28 剖面中分别取位于防渗墙东西侧对应的两点位进行孔隙水压数值的对比分析。对比防渗墙东西两侧相对应的点位孔隙水压的变化情况，可以开展对防渗墙防渗效果的分析。各勘探线剖面两种模型开挖到每一阶段的孔隙水压值汇总于表 5-4 中。

　　图 5-98a、图 5-98c、图 5-98e 所示为防渗墙西侧的点位孔隙水压对比图，图 5-98b、图 5-98d、图 5-98f 所示为防渗墙东侧的点位孔隙水压对比图。观察图 5-98a、图 5-98c、图 5-98e 可知，模型一的孔隙水压总体上大于模型二的孔隙水压，即采用防渗墙处理之后的边坡孔隙水压在数值上有所减小；再对比模型二处

表 5-4　孔隙水压数据表　　　　　　　　　　　　　　　（Pa）

监测点位置		开挖到的水平阶段			
		-67m	-127m	-157m	-232m
N24（106，84）	模型一	1.765×10^4	1.765×10^4	1.701×10^4	1.249×10^4
点位孔隙水压	模型二	7.165×10^3	7.165×10^3	6.085×10^3	4.020×10^3
N24（109，84）	模型一	2.077×10^4	2.077×10^4	2.020×10^4	1.543×10^4
点位孔隙水压	模型二	2.905×10^4	2.905×10^4	2.861×10^4	2.278×10^4
N26（110，81）	模型一	2.988×10^4	2.653×10^4	4.282×10^4	4.066×10^4
点位孔隙水压	模型二	1.687×10^4	2.471×10^4	2.044×10^4	1.965×10^4
N26（114，81）	模型一	3.297×10^4	2.792×10^4	4.875×10^4	4.655×10^4
点位孔隙水压	模型二	3.824×10^4	2.966×10^4	6.491×10^4	6.167×10^4
N28（116，84）	模型一	2.452×10^4	2.452×10^4	1.025×10^4	1.103×10^4
点位孔隙水压	模型二	5.916×10^3	5.916×10^3	7.920×10^3	6.460×10^3
N28（120，84）	模型一	2.997×10^4	2.997×10^4	1.221×10^4	1.413×10^4
点位孔隙水压	模型二	4.440×10^4	4.440×10^4	1.388×10^4	1.851×10^4

于防渗墙东西两侧的点位（图 5-98a 与图 5-98b、图 5-98c 与图 5-98d、图 5-98e 与图 5-98f）的孔隙水压，西侧点位的孔隙水压值明显低于东侧点位的孔隙水压值。综上分析表明，防渗墙达到了堵水效果。

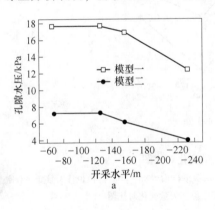

a

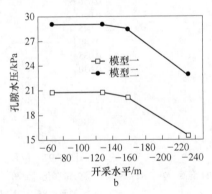

b

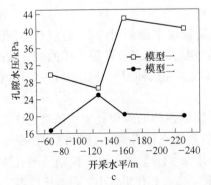

c

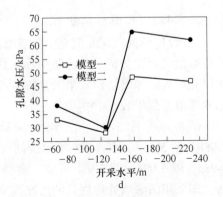

d

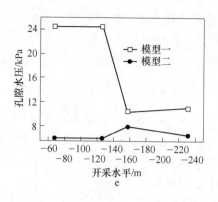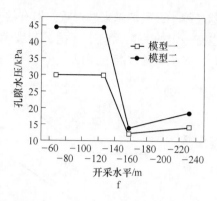

图 5-98 孔隙水压对比图

a—N24 剖面（106, 84）点位孔隙水压对比图；b—N24 剖面（109, 84）点位孔隙水压对比图
c—N26 剖面（110, 81）点位孔隙水压对比图；d—N26 剖面（114, 81）点位孔隙水压对比图
e—N28 剖面（116, 84）点位孔隙水压对比图；f—N28 剖面（120, 84）点位孔隙水压对比图

5.6.4.3 安全系数分析

在 FLAC 软件中通过计算取得了各勘探线剖面开挖到每一水平阶段的边坡安全系数，汇总于表 5-5 中。

表 5-5 安全系数对比表

计算剖面		开挖到的水平阶段			
		−67m	−127m	−157m	−232m
N24	模型一	0.9	0.9	0.92	1.14
	模型二	1.17	1.17	1.21	1.49
N26	模型一	1.46	0.51	0.2	0.78
	模型二	1.92	0.99	0.97	1.01
N28	模型一	1.26	1.11	0.87	1.04
	模型二	1.6	1.59	1.13	1.19

安全系数是评价边坡稳定性时的一项重要指标。研山铁矿要求达到的边坡安全系数为 1.15。分析表 5-5 可知，各剖面模型二的安全系数基本达到矿山要求，但有的开采水平阶段未达到要求，是因为该层所处的砾石层力学参数较弱，所以容易破坏，属于局部破坏，不影响边坡整体安全。

根据每个剖面不同水平阶段的安全系数，形成安全系数对比曲线，如图 5-99 所示。

从安全系数对比曲线图（图 5-99）中可以看出，总体上，采用防渗墙处理之后的边坡模型二，安全系数都高于含水的模型一，并且，随着开采深度的增加，边坡的安全系数基本呈下降趋势。根据采剥计划，向下开挖，安全系数应该越来越小，破坏越来越严重，但有的开采水平阶段不是这样的，这与边坡的坡角也有一定的关系，向下开挖，若坡角变小了，破坏自然小，稳定性也会相对较好，安全系数较高。所以，这一现象符合矿山的实际生产情况。

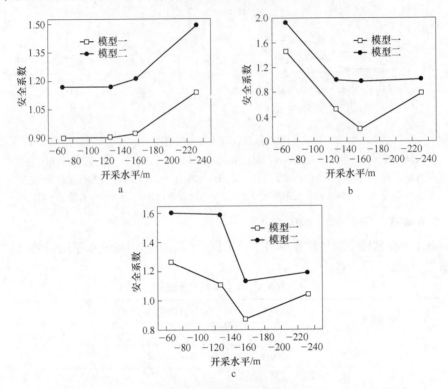

图 5-99 安全系数对比曲线

a—N24 剖面安全系数；b—N26 剖面安全系数；c—N28 剖面安全系数

5.7 小结

对比典型勘探线剖面的模拟情况，在采用防渗墙对边坡处理之前，破坏比较明显，在砾石层位置出现最大位移，且方向向下，有发生滑移的趋势；而塑性区也大都集中分布在这一区，形成压剪屈服区，并且从剪切应变率分布图上可以看出，剪切应变集中分布，明显形成了一条剪切破坏带；应力分布基本上没有太大的变化，最大主应力沿坡面平行方向分布，最小主应力垂直于坡面分布，且有些部位出现拉应力；从地下水模式中还可以看出，东部新河水系渗流到矿区边坡，从砾石层流出，因为砾石层的透水性极强，这也正是此处最先破坏的原因。

采用防渗墙处理之后，位移变化量有所减小，模型单元大部分处于弹性状态，而剪切应变分布也比较分散，不易破坏，安全系数有所提高；有些边坡经处理之后安全系数未达到矿山安全要求，是因为所处的砾石层力学参数较弱，导致局部个别台阶破坏，应采取系列措施，对其进行处理，如减缓台阶坡面角、压脚等，保证边坡稳定；同时，孔隙水压在数值上有所减小，渗流量尤其是在防渗墙左侧的位置，明显减少，潜水面的高度也有所降低；经防渗墙处理之后的边坡在这些方面都有所改善，稳定性明显增强。所以，经过综合分析，应选取 40cm 厚的防渗墙来维护富水边坡的稳定性。

6 研山铁矿帷幕注浆堵水技术实施与效果

6.1 帷幕注浆堵水试验

6.1.1 帷幕堵水试验

6.1.1.1 试验思路

由于进行注浆帷幕是否堵水的检验非常困难,不论是物探还是钻探都是如此,本次试验采用将注浆试验孔围成一个四方圈的方式进行注浆试验,注浆结束,浆液终凝后在四方圈内抽水,观测四方圈内水位回复情况和圈外的观测孔的水位变化情况。如果圈内抽水孔水位不再上升,同时周边观测孔水位不受影响,说明堵水帷幕已经形成;反之,则说明堵水帷幕没有达到堵水效果[118]。

本期试验开始采用注浆孔间距 1.0m 进行第一次试验,如果堵水帷幕不能达到完全堵水的效果,在原有注浆孔中间再次实施注浆,也就是注浆孔间距为0.5m,完成后再次打孔检验。第二次注浆前需将前期抽水孔和注浆孔全部封孔,防止后期注浆时,浆液溢出地表。注浆试验布孔如图 6-1 所示。

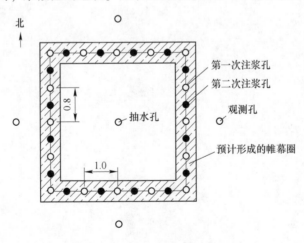

图 6-1 注浆试验布孔图[118]

6.1.1.2 试验场地选择

本次试验选择在原注浆帷幕的附近,利用原来的注浆帷幕作为注浆圈的一面。试验时首先在原帷幕桩的中间施工注浆孔，南北方向以靠近 5-5 勘探线为准，整个注浆圈位于原帷幕的西侧。

6.1.1.3　试验钻孔布设

本次注浆孔按围成四边形布置，每边 5 个注浆孔，所围成的正方形为 4m×3.2m。如果间距 1.0m 的堵水效果不理想，再在 1.0m 和西侧边的注浆孔中补加注浆孔一个进行注浆，完成后进行抽水和观测水位验证，如图 6-1 所示。再不理想，在试验圈的东边上原注浆孔的中间补加注浆孔后注浆再验证。

上述试验的目的是检验原有高压旋喷帷幕能否在后期的注浆中起到作用，如果起作用，将会减少很多注浆工程量。

6.1.1.4　试验钻孔深度

本次试验的目的是为施工提供相关技术参数，设计孔深为 33.0m，即穿透第 2 层卵石，并进入不透水层 1.0m。

6.1.1.5　浆液配比

本期在原来配比试验的基础上，增加粉煤灰，以期达到节约材料费的目的。如果煤粉灰的加入不能达到防水冲的效果，将采用原有浆液配比，但水灰比控制在 1∶0.8 左右。

本次注浆采用单液注浆，并将浆液地面初凝时间控制在 3h 以内，水下初凝时间控制在 6h 以内。浆液的初凝时间靠高效碱水早强剂控制，不再采用水玻璃。

为了达到好的堵水效果，加入少量膨胀剂和膨润土，以不出现离析为原则。

6.1.1.6　成孔设备

注浆孔成孔钻机采用 MGY-100A 型全液压双动力头跟管工程钻机，成孔直径 ϕ130mm。拔管设备采用 BG-60 型拔管机配合拔管。

6.1.1.7　注浆设备

根据注浆参数试验的结果，决定采用 D_2W_2-7.5-70/45 和 D_3W_3-55-120/120×75 型泵式加压或者罐式加压。本期由于注浆孔最多 16 个，拟采用一起加压的方式进行加压注浆。如果不一起加压，成孔、喷射、洗孔、封孔和注浆将消耗太多时间，只有一起加压才会最大限度节省时间。

6.1.1.8　工艺流程

整体工艺流程如下：

（1）放线，按设计要求进行放线。

（2）采用双动力头跟管钻机，施工钻孔，深度以进入下层卵石底面 1.0m 为准，钻孔直径 ϕ130mm。

（3）下入 ϕ110m 钢丝网笼；钢丝网笼（网眼大小为 5mm×5mm）的底为钻孔底；上口为 10~12m，以位于上层粉土底面上 1.0m，下口已进入第二层卵石底面不透水层下 1.0m 为准。

（4）下入特殊设计的喷射洗井装置；从下向上喷射洗井。喷射过程要求有洗井，喷射结束后，继续洗井，而且经过反复洗井。每次洗井抽水 20~30min 后，停止洗井，水位恢复到原始水位，再进行洗井，如此反复 3~5 次。

（5）洗井结束后，在钢筋笼的顶部下入黏土堵塞材料，将钻孔在 10~12m 处阻断；再在钻孔中灌入水灰比 1：0.8 的水泥浆，最后下入完整的 $\phi89mm$ 高压 PVC 管。

（6）固管水泥浆终凝后，下入注浆管，从上向下逐段注浆。

（7）出浆口每次提升 0.5m，每个高度注浆量不少于 2.0m³，各分段中间不停留连续注浆。

（8）水泥初凝后，重复（6）的注浆过程。

在施工过程中有关工艺的具体要求如下：

（1）护壁钢筋笼。护壁钢筋笼采用 $4\phi16mm$ 纵筋，箍筋采用 $\phi10mm@500mm$。外裹 5mm×5mm 钢丝网，长度根据地层条件决定，以进入上部粉土层和下层卵石层底面下 1.0m 为准，本期试验以地下 10.0~33.0m 为准，长度为 22m。

（2）喷射。本期注浆试验采用压力不小于 36MPa、流量不小于 75L/min、提升速度 6~8cm/min 的定向喷射，进行钻孔的孔壁清水喷射。

（3）洗孔。在洗孔的同时，进行空压机气举抽水，将高压清水喷射洗出的细颗粒通过专门设置的管道抽出地表。

根据以往的施工经验，水位 20m 以下的高压喷射效果较差，因此采用大气量的空压机进行气举抽水会使钻孔内的水位急剧下降，这样，在钻孔的周边就会形成不稳定水流，而且水力坡度很大，钻孔周边的细颗粒在大水力坡度的作用下，很快流出，使钻孔周边形成没有细颗粒，留下的只有粗颗粒的"纯卵石层"；再加上高压清水流的扰动，在钻孔的周边，特别是帷幕的轴线可形成人为的"纯卵石"地层，这样，防水冲的浓水泥浆就很容易进入这一区域形成堵水帷幕。这是本次注浆试验质量保证的根本措施。

为加强喷射和洗孔的效果，保证设计的堵水帷幕轴线方向没有细颗粒存在，使防水冲水泥浆顺利进入预定范围，本次喷射采用了喷射孔两侧钻孔同时洗孔的工艺，就是说，如果两台喷射泵作业，则有 5 个气举泵同时工作，分别为喷射孔、两喷射孔中间的孔及两侧的孔，喷射洗孔布置如图 6-2 所示。

根据预期的结果，两个注浆孔中间可能残余部分原始地层，这部分地层中可能存留细颗粒砂土，影响注浆质量。如果喷射洗孔质量控制得当，中间的原始地层应该残留很少。

本次试验首先进行注浆孔间距 1.0m 试验，如果达不到预期的堵水效果，再进行下一步喷射注浆，即在第一期喷射注浆孔中间重新实施喷射注浆。

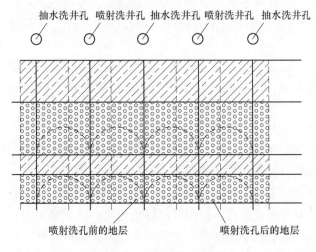

图 6-2 喷射洗孔布置图

（4）注浆。本期采用分段两次注浆，设计从上部开始，从上含水层顶板下 0.5m 开始第一次注浆，每次出浆口下降 0.5m，直至隔水层内 1.0m。每段注浆量控制在 2.0 ~ 3.0m³。

第一次注浆结束后，待水泥浆初凝后、终凝前再进行第二次注浆，第二次注浆前不再实施喷射，在原有钻孔的位置重新钻孔后进行高压分段注浆，检验注浆质量，本次注浆量控制每段 1.0 ~ 1.5m³。

注浆加压方式根据注浆参数试验确定。

6.1.2 现场初步试验结果

2012 年 6 月到 10 月，课题组进行了大量的浆液配比试验和现场注浆试验。其中浆液配比试验进行了 100 多组，最终得到的浆液配比方案为：水泥浆液的水灰比 1:0.8，加入 5% 的聚丙烯酰胺和 3% ~ 5% 的高效速凝减水剂，采用双液注浆方式在孔内混合。现场注浆试验进行了 7 次，施工注浆孔 10 个、检验孔 11 个。现场试验结果表明，有些部位砾石级配较好，渗透注浆效果良好，但有些部位级配较差，空隙充填细砂、粉砂和粉质黏土，浆液沿劈裂面流走，无法保证河卵石地层被浆液充满，堵水效果不好。

现场注浆试验表明卵石中的注浆是以劈裂为主，渗透作用很小。同时由于本期试验的注浆浆液加入 5% 聚丙烯酰胺，浆液的黏稠度加大，更妨碍了浆液的渗透。这样浆液顺着某一层面向外形成劈裂通道流走，就是定量注浆，也无法保证在注浆影响范围内的卵石地层全部被浆液填充，因此无法达到堵水的效果。

由于拟处理场地中卵石层竖向分布不均匀，常规的注浆方式和方法难以满足止水帷幕的要求，因此考虑人工对卵石层进行清洗，并吸取卵石层中的细颗粒物（如中砂、粗砾砂等），确保注浆体范围内卵石的均质性，从而确保止水帷幕注浆的可靠性。

根据现场注浆试验情况，经过充分讨论和研究，提出以下建议：

（1）根据现场情况，司家营研山铁矿东部边坡的堵水只能采取高压或中压注浆；

（2）高压或中压注浆只能采用小孔距、多次注浆方案；

（3）由于河卵石的不均匀性，建议采用高压喷射清水流结合气举抽水，从而改变卵石层级配，使堵水帷幕的形成尽量可控；

（4）24m下的卵石层，高压喷射不能达到预期效果，可以加强气举抽水的强度，在注浆孔的周围造成流砂，使细颗粒砂土流出，造成全为卵石的扰动圈，以利注浆质量控制。为更好地控制卵石中细颗粒流出，也可以配合高压射流扰动原始地层。

基于注浆试验结果，研究确定浆液配比和施工工艺参数，从而形成堵水帷幕注浆应用技术要求与工艺流程。

6.2　研山铁矿帷幕注浆堵水技术

6.2.1　设计方案

根据工程地质条件及相关技术要求，拟采用双重管单排旋喷桩地下帷幕连续墙的方案。

设计参数：平均有效墙厚不小于 40cm，最小厚度不小于 30cm；墙体抗压强度 $R_{28} \geqslant 3MPa$（指各层位形成高喷固结体检测平均值）；渗透系数 $K \leqslant i \times 10^{-6}$（$1 \leqslant i < 10$）；允许渗透降 $[J] \geqslant 100$；旋喷桩布置及要求：桩径大于 1m；桩间距 0.8m；单排布置分两序（三序）施工；钻孔垂直度不大于 1%，钻孔孔径由施工单位自行确定，但应在 110mm 以上。

防渗墙轴线距最终开采境界线 30m。防渗墙控制深度，墙底部以入风化岩1m、墙顶部深入黏土层中 1.5m 为宜，剖面图和平面图如图 2-2 和图 2-3 所示。施工设计参数见表 6-1。

表 6-1　施工设计参数

高喷灌浆方法	二重管旋喷
空气压力/MPa	0.6~0.8
空气流量/m³ · min⁻¹	3~6
浆液压力/MPa	32~38

续表6-1

高喷灌浆方法	二重管旋喷
浆液流量/L·min⁻¹	≥70
浆液密度/g·cm⁻³	1.5~1.6
旋转速度/r·min⁻¹	8~12
提升速度/cm·min⁻¹	(1.2~1)r (r为转速)
喷嘴个数及直径/mm	2个,1.8~2.0

高喷桩水泥用量不少于 400kg/m,水泥应使用符合国家标准的 P·O 42.5级。水泥浆:水灰比 0.8:1~1:1,施工用水应符合《混凝土用水标准》(JGJ63—2006)。外加剂可考虑使用速凝剂和早强剂。

6.2.2 设计参数论证

防渗墙渗透系数的要求和高喷防渗墙的厚度、抗压强度等指标参见5.4节。

高喷防渗的允许比降可用 [J] 表示:

$$[J] = (\Delta H/D)/\eta \tag{6-1}$$

式中 D——墙体最小厚度;

ΔH——其上游面承受的水头与下游面水头之差;

η——安全系数。

根据勘察资料,高喷墙承担的实际作用水头为 30m,如果按最小墙厚为 30cm,承受全部作用水头考虑,根据允许比降的定义,承受 10m 的作用水头时防渗墙内的渗透比降为 300,所以渗透比降 100 应该能满足一般工程要求。

根据本工程特点,允许渗透比降可不作为控制性指标。

6.2.3 施工技术要求

6.2.3.1 钻机成孔

(1)拟采用垂直度精确、施工中容易控制的 XY-2 或车载型工程钻机泥浆护壁回转钻进成孔,孔径应大于喷射管外径 20mm 以上。

(2)钻孔孔位与设计孔位偏差不大于 5mm,钻孔深度应满足设计要求。

(3)钻孔偏斜度不大于 1%,施工中应采取预防孔斜措施,若发现钻孔偏斜度过大,必须进行补孔处理,防止搭接不上。

(4)施工时选取部分高喷孔作为先导孔,先导孔间距宽 30~50m,进一步核对地层结构,了解各层位深度、厚度等信息,为高喷施工提供准确依据。

6.2.3.2　高压旋喷施工

（1）根据本工程防渗需要，灌浆材料为水泥浆，0.8∶1~1∶1，水泥应使用符合国家标准的 P·O 42.5 级。

（2）施工中水泥浆液可掺入适量速凝剂和早强剂，施工单位自行可选择使用外加剂品种。

（3）水泥的搅拌时间，使用高速搅拌机时不少于 30s，使用普通搅拌机时不少于 90s，浆液的温度控制在 5~40℃ 范围内，水泥浆从制备到用完不能超过 4h。

（4）高喷液压台车宜选择旋转、提升性能良好的高塔架无级调速台车。

（5）高喷灌浆宜全孔自上而下连续作业，需要中途拆卸喷射管应进行复喷，搭接长度不小于 0.3m，若中途出现机械故障，搭接长度不小于 0.5m。

（6）高喷灌浆结束，须利用回浆或水泥浆及时回灌，直至浆面不下降为止，保证桩顶标高。

（7）高喷灌浆过程中，孔内严重漏浆，可采取以下措施处理：

1）孔口不返浆时，应立即停止提升；孔口少量返浆时，应立即降低提升速度；

2）降低喷嘴压力、流量，进行原位灌浆；

3）掺入速凝剂；

4）加大浆液浓度或灌注水泥砂浆、水泥黏土浆；

5）向孔内填入砂、土等堵漏材料。

（8）施工前在设计参数基础上选择三组或三组以上参数，在代表性地层进行旋喷试验，确定最优参数组合，试验检测可选择方便、快捷的检测方法，以缩短施工工期。

6.2.4　工程质量检测方案及要求

根据本工程的性质主要检测指标包括墙体连续性、抗压强度及渗透系数，其中渗透系数为控制性指标。

6.2.4.1　墙体连续性检测和抗压强度检测

根据《水利水电高压喷射灌浆技术规范》（DL/T 5200—2004）本工程可按轴线长度 100m 为一个单元，每个单元布置 1 个检查孔。检查孔布置在墙体中心线上的相邻两个钻孔高喷凝结体的搭接处，墙体连续性检测可通过钻孔取芯检测是否连续直观，同时在不同的地层取芯作抗压强度实验，以求得其抗压强度平均值是否满足设计要求。

旋喷帷幕连续墙在可开挖深度内进行墙体两侧开挖，直观检查其连续性（可根据实际条件，施工酌情考虑）。

6.2.4.2　墙体渗透系数检测

墙体渗透系数主要采用布置围井的方式和钻孔取芯做抗渗试验确定。围井检测即是在井中心部位布置钻孔，下入滤管进行注水试验，计算依据：

$$K = \frac{2Qt}{L(H + \eta_0)(H - \eta_0)} \qquad (6-2)$$

式中　K——渗透系数，m/d；

　　　Q——稳定流量，m³/d；

　　　t——旋喷墙平均厚度，m；

　　　L——围井周边旋喷墙轴线长度，m；

　　　H——围井内试验水位井底的深度，m；

　　　η_0——地下水位至井底深度，m。

检测数量：每3～5个单元布置一个围井，围井施工条件与轴线旋喷孔施工条件一致。

钻孔取芯进行抗渗试验，其设计要求为取样位置应在钻孔不同深度内（即不同的地层条件）；钻孔位置一般位于高喷孔中心（1/3）r处或两桩搭接处；渗透系数最终参考值应取其试验平均值，检测数量可按每单元一个检查孔，每孔取样3～4组。

施工单位可根据实际环境条件选择以上两种方法，要求质量验收检测必须有一个围井试验。

6.2.5　方案适宜性分析

本工程为线性施工工程，作业面平坦，设计轴线长度为696.5m，全程拐点少，除端点外仅有两处，且角度不大，同时距水源较近，适宜高喷作业。钻孔设备灵活、机动，高喷作业设备相对较少，搅拌站为固定式，旋喷台车一般国内均采用液压步履式，可自行行走，单机效率较高。施工作业时各机组不发生交叉矛盾，并能够减少安全隐患，可以多投入设备，缩短工期。

高喷作业输送材料均为管路输送，搅拌后为水泥浆，粉尘污染小；施工过程中浆量相对较少，现场可修排污沟、挖排污坑，进行集中排放与处理；高喷所选设备基本为电动控制，噪声小，同时网电比发电机组经济、环保。

根据该项目工程地质、水文地质特征，含水层为砂层、砾石层，厚度较大，含水量较大，有定水头补给，根据类似工程经验，无论桩体完整性、渗透系数、桩体抗压强度，二重管效果要优于三重管。

目前国内防渗施工方法主要为混凝土地下连续墙、高喷桩连续墙、深层搅拌桩连续墙。根据本工程地质环境条件及经济分析：混凝土地下连续墙虽然成墙效果好，但其施工设备较大、机具繁多、返浆量大、环保差，同时单价高；而深层搅拌桩连续墙搅拌深度有限，且对地层要求较高，一般超过12～15m遇到中密砾石层就无法搅动，且成墙效果差，虽然造价低，但墙体、渗透系数、桩体抗压强度较差，无法满足项目长期使用的目的。单就高喷而言，可分为旋喷、摆喷、定喷等，据本工程特点采用摆喷、定喷等墙体厚度难以满足设计要求，且在相对较深的情况下，对钻孔的垂直精度要求更高，深度较大钻孔高喷施工难以保证搭接良好，因此选择旋喷桩。就高喷经济性而言，三重管旋喷单价高于二重管。

因此，从经济和适应性角度分析，二重管旋喷桩连续墙最为适合。

6.3 堵水效果现场监测分析

通过对注浆过程中的各种记录资料的综合分析，注浆压力和注浆量变化是合理的，达到了设计的要求；钻检查孔检查注浆质量，检查孔布置在出水较多的部位或布置在开挖断面中心处，每循环设 2~3 个，钻取检查孔岩芯，观察浆液充填情况，并检查孔内涌水量，检查孔涌水量小于 $0.2m^3/(m \cdot min)$。

为了有效监测防渗墙的堵水效果，保证东帮边坡稳定，研山铁矿开展了露天采场疏水工作。现场布置水泵情况如图 6-3 所示。

图 6-3　水泵布置图

治水前，采场汛期共布置水泵 17 台，每天涌水量达到 59400m³，有 6 台水泵每天要开 12h 以上，其中 3 台水泵要全天开启；治水后，目前采场共布置 6 台水泵，每天涌水量为 11260m³，水泵最多每天开启 8h，比采场治水前涌水量大幅下降，每天差值为 48140m³，堵水效果十分明显[166]。治水前后效果对比图如图 6-4 所示。

a

b

图 6-4 东边坡治理前后对比图
a—治理前；b—治理后

6.4 小结

（1）进行帷幕注浆堵水试验，为帷幕注浆堵水的方案设计提供依据。

（2）根据堵水试验结果，提出了帷幕注浆堵水的设计方案，解决了采场的治水问题。

（3）现场堵水效果监测结果表明，采用的帷幕注浆堵水措施效果十分明显。

参 考 文 献

[1] 王军. 岩溶矿床帷幕注浆截流新技术[J]. 矿业研究与开发, 2006, 26 (S1): 151-153.

[2] 张省军, 唐春安, 王在泉. 矿山注浆堵水帷幕稳定性监测方法的研究与进展[J]. 金属矿山, 2008 (9): 84-86, 162.

[3] 徐磊. 平原浅埋岩溶大水矿床井下近矿体注浆帷幕层堵水加固效果研究[D]. 长沙: 长沙矿山研究院, 2015.

[4] 辛小毛, 王亮. 大水金属矿山防治水综合技术方法的研究[J]. 矿业研究与开发, 2009, 29 (2): 78-81.

[5] 孙波. 济南张马屯铁矿帷幕注浆堵水工程简介[J]. 山东国土资源, 2005, 21 (6-7): 89-91.

[6] 曾绍权. 水口山铅锌矿鸭公塘矿区大型帷幕注浆治水工程技术的应用[J]. 中国有色冶金, 2006 (6): 55-59.

[7] ZHENFANG L, DONGMING G, YANBING W, et al. Technology Research of Large Underwater Ultra-deep Curtain Grouting in Zhong-guan Iron Ore[J]. Procedia Engineering, 2011, 26: 731-737.

[8] 韩贵雷, 于同超, 刘殿凤, 等. 矿山帷幕注浆方案研究及堵水效果综合分析[J]. 矿业研究与开发, 2010, 30 (3): 95-98.

[9] 王小强, 杨庆胜. 刘家沟水库帷幕灌浆试验施工和资料分析[J]. 宁夏工程技术, 2007, 6 (4): 381-384, 393.

[10] 杨相茂, 王付春, 胡文榜. 大红山矿山帷幕注浆防治水技术初探[J]. 岩土工程界, 2006, 9 (10): 52-54.

[11] 胡焕校, 李振钢, 钟志均. 帷幕注浆在凡口地区矿山堵水中的应用[J]. 工程建设, 2009, 41 (1): 42-45.

[12] 雷进生. 碎石土地基注浆加固力学行为研究[D]. 武汉: 中国地质大学, 2013.

[13] 吴秀美. 改性粘土浆的试验研究[J]. 矿业研究与开发, 2002, 22 (4): 36-37, 45.

[14] 祝世平, 王伏春, 曾夏生. 大红山矿帷幕注浆治水工程及其评价[J]. 金属矿山, 2007 (9): 79-83, 93.

[15] 孟广勤. 井下矿体顶板灰岩注浆堵水技术的应用[J]. 山东冶金, 1997, 19 (4): 10-13.

[16] 程盼, 邹金锋, 李亮, 等. 冲积层中劈裂注浆现场模型试验[J]. 地球科学 (中国地质大学学报), 2013, 38 (3): 649-654.

[17] SWEDENBORG S, DAHLSTRöM L O. Rock Mechanics Effects of Cement Grouting in Hard Rock Masses[C] //Proceedings of the 2003 Specialty Conference on Grouting at the Third International Conference on Grouting and Ground Treatment, 2003.

[18] 李术才, 张伟杰, 张庆松, 等. 富水断裂带优势劈裂注浆机制及注浆控制方法研究[J]. 岩土力学, 2014, 35 (3): 744-752.

[19] Lee J S, M Y J, J S H, et al. Numerical and experimental analysis of penetration grouting in jointed rock masses[J]. International Journal of Rock Mechanics and Mining Sciences, 2000,

37（7）：1027-1037.

[20] 赵宏海，李磊，秦福刚，等. 裂隙岩体注浆模拟试验研究[J]. 人民长江，2012，43（1）：30-32，94.

[21] 冯志强. 破碎煤岩体化学注浆加固材料研制及渗透扩散特性研究[D]. 北京：煤炭科学研究总院，2007.

[22] 杨坪，唐益群，彭振斌，等. 砂卵（砾）石层中注浆模拟试验研究[J]. 岩土工程学报，2006，28（12）：2134-2138.

[23] 谢猛. 水泥浆液在松散碎石体中注浆的模型试验研究[D]. 昆明：昆明理工大学，2007.

[24] 张伟杰，李术才，魏久传，等. 富水破碎岩体帷幕注浆模型试验研究[J]. 岩土工程学报，2015，37（9）：1627-1634.

[25] KLEINLUGTENBELT R，BEZUIJEN A，TOL A F V. Model tests on compensation grouting[J]. Tunneling and Underground Space Technology，2006，21（3-4）：435-436.

[26] 梁飞林，秦秀山，陈何，等. 松散介质注浆模拟试验研究[J]. 有色金属（矿山部分），2011，63（1）：34-36，40.

[27] 邹超. 砂土层中超细水泥注浆机理的试验研究[D]. 淮南：安徽理工大学，2006.

[28] 侯克鹏，李克钢. 松散体灌浆加固试验研究[J]. 矿业研究与开发，2008，28（1）：25-27，31.

[29] 邹金峰，徐望国，罗强，等. 饱和土中劈裂灌浆压力研究[J]. 岩土力学，2008，29（7）：1802-1806.

[30] BOLISETTI T. Experimental and numerical investigations of chemical grouting in heterogeneous porous media[D]. University of Windsor，2005.

[31] 钱自卫，姜振泉，曹丽文，等. 弱胶结孔隙介质渗透注浆模型试验研究[J]. 岩土学，2013，34（1）：139-142，147.

[32] 高建军，祝瑞勤，徐大宽. 岩溶充水矿床帷幕注浆堵水技术研究[J]. 水文地质工程地质，2007（5）：123-127.

[33] 黄炳仁. 大水矿床注浆防水帷幕厚度的确定[J]. 中国矿业，2004，13（3）：61-63.

[34] 王亮. 大水金属矿床井下近矿体帷幕注浆堵水技术研究[D]. 长沙：长沙矿山研究院，2011.

[35] FU Shigen，et al. Research on the Grouting Thickness of Roof Purdah in the Mining of Karstic Water-filling Deposit[J]. Procedia Engineering，2011，26：1482-1489.

[36] 郝哲，吴海建，何修仁，等. 帷幕注浆工程静态可靠性分析[J]. 化工矿山技术，1998，17（1）：10-13.

[37] 刘琳，王志国，艾立新，等. 基于 FLAC 数值模拟的边坡稳定性分析[J]. 现代矿业，2014（3）：62-64，75.

[38] 王志国，冯海明，刘琳，等. 研山铁矿高富水边坡稳定性数值模拟[J]. 化工矿物与加工，2014，43（10）：31-34，40.

[39] 袁博，张召千，张百胜，等. 破碎围岩注浆加固数值模拟分析与工程应用[J]. 金属矿山，2013，（7）：45-48，53.

［40］王兴. 中关铁矿堵水帷幕稳定性初步研究［D］. 沈阳：东北大学，2011.

［41］夏冬，常宏. 中关铁矿堵水帷幕模型的建立及其稳定性分析［J］. 金属矿山，2015
　　　（12）：157-160.

［42］付英浩，江海，惠冰，等. 深井巷道涌水渗流场-应力场演化与注浆封堵［J］. 工程勘察，
　　　2015，（4）：38-43，55.

［43］王刚. 隧道富水地层帷幕注浆加固圈参数及稳定性研究［D］. 济南：山东大学，2014.

［44］赵恰. 强岩溶大水矿山帷幕模拟与参数优化［D］. 长沙：长沙矿山研究院，2014.

［45］BRACE W F, et al. Dilatancy in the Fracture of Crystalline Rocks［J］. Journal of Geophysical
　　　Research, 1966, 71 (16): 3939-3953.

［46］李术才，李树忱，朱维申，等. 裂隙水对节理岩体裂隙扩展影响的 CT 实时扫描实验研
　　　究［J］. 岩石力学与工程学报，2004，23（21）：3584-3590.

［47］朱维申，陈卫忠，申晋. 雁形裂纹扩展的模型试验及断裂力学机制研究［J］. 固体力学学
　　　报，1998，19（4）：75-80.

［48］朱维申，等. 节理岩体破坏机理和锚固效应及工程应用［M］. 北京：科学出版社，2002.

［49］朱珍德，李道伟，李术才，等. 基于数字图像技术的深埋隧洞围岩卸荷劣化破坏机制研
　　　究［J］. 岩石力学与工程学报，2008，27（7）：1396-1401.

［50］LATHAM J P, XIANG J, BELAYNEH M, et al. Modelling stress-dependent permeability in
　　　fractured rock including effects of propagating and bending fractures［J］. International Journal of
　　　Rock Mechanics and Mining Sciences, 2013, 57 (1): 100-112.

［51］张波，李术才，杨学英，等. 含交叉多裂隙类岩石材料单轴压缩力学性能研究［J］. 岩石
　　　力学与工程学报，2015，34（9）：1777-1785.

［52］刘建坡，李元辉，杨宇江. 基于声发射监测循环载荷下岩石损伤过程［J］. 东北大学学报
　　　（自然科学版），2011，32（10）：1476-1479.

［53］张明，王菲，杨强. 基于三轴压缩试验的岩石统计损伤本构模型［J］. 岩土工程学报，
　　　2013，35（11）：1965-1971.

［54］杨永杰，王德超，郭明福，等. 基于三轴压缩声发射试验的岩石损伤特征研究［J］. 岩石
　　　力学与工程学报，2014，33（1）：98-104.

［55］MARTIN C D, CHANDLER N A. The progressive fracture of Lac du Bonnet granite［J］. Inter-
　　　national Journal of Rock Mechanics and Mining Sciences & Geomechanics Abstracts, 1994, 31
　　　(6): 643-659.

［56］QIU S L, FENG X T, XIAO J Q, et al. An Experimental Study on the Pre-Peak Unloading
　　　Damage Evolution of Marble［J］. Rock Mechanics and Rock Engineering, 2014, 47 (2):
　　　401-419.

［57］赵兴东，李元辉，袁瑞甫，等. 基于声发射定位的岩石裂纹动态演化过程研究［J］. 岩石
　　　力学与工程学报，2007，26（5）：944-950.

［58］王述红，徐源，张航，等. 岩体损伤破坏过程三维定位声发射试验分析［J］. 工程与试
　　　验，2010，50（3）：19-23，48.

［59］裴建良，刘建锋，左建平，等. 基于声发射定位的自然裂隙动态演化过程研究［J］. 岩石

力学与工程学报，2013，32（4）：696-704.

[60] NASSERI M H B, GOODFELLOW S D, LOMBOS L, et al. 3-D transport and acoustic properties of fontainebleau sandstone during true-triaxial deformation experiments[J]. International Journal of Rock Mechanics and Mining Sciences，2014，69（7）：1-18.

[61] TING A, RU Z, JIANFENG L, et al. Space-time evolution rules of acoustic emission location of unloaded coal sample at different loading rates[J]. International Journal of Mining Science and Technology，2012，22（6）：847-854.

[62] 左建平，裴建良，刘建锋，等. 煤岩体破裂过程中声发射行为及时空演化机制[J]. 岩石力学与工程学报，2011，30（8）：1564-1570.

[63] 唐晓军. 循环载荷作用下岩石损伤演化规律研究[D]. 重庆：重庆大学，2008.

[64] 许江，唐晓军，李树春，等. 循环载荷作用下岩石声发射时空演化规律[J]. 重庆大学学报，2008，31（6）：672-676.

[65] 赵星光，李鹏飞，马利科，等. 循环加、卸载条件下北山深部花岗岩损伤与扩容特性[J]. 岩石力学与工程学报，2014，33（9）：1740-1748.

[66] LEI X, FUNATSU T, MA S, et al. A laboratory acoustic emission experiment and numerical simulation of rock fracture driven by a high-pressure fluid source[J]. Journal of Rock Mechanics and Geotechnical Engineering，2016，8（1）：27-34.

[67] CAI M, KAISER P K, MORIOKA H, et al. FLAC/PFC coupled numerical simulation of AE in large-scale underground excavations[J]. International Journal of Rock Mechanics and Mining Sciences，2007，44（4）：550-564.

[68] MORIYA H, NAOI M, NAKATANI M, et al. Delineation of large localized damage structures forming ahead of an active mining front by using advanced acoustic emission mapping techniques[J]. International Journal of Rock Mechanics and Mining Sciences，2015，79（10）：157-165.

[69] 谢和平. 分形——岩石力学导论[M]. 北京：科学出版社，1996.

[70] WEI X, GAO M, LV Y, et al. Evolution of a mining induced fracture network in the overburden strata of an inclined coal seam[J]. International Journal of Mining Science and Technology，2012，22（6）：779-783.

[71] JAFARI A, BABADAGLI T. Relationship between percolation-fractal properties and permeability of 2-D fracture networks[J]. International Journal of Rock Mechanics and Mining Sciences，2013，60（6）：353-362.

[72] XIE H, GAO F. The mechanics of cracks and a statistical strength theory for rocks[J]. International Journal of Rock Mechanics and Mining Sciences，2000，37（3）：477-488.

[73] 谢和平，于广明，杨伦，等. 采动岩体分形裂隙网络研究[J]. 岩石力学与工程学报，1999，18（2）：29-33.

[74] 张永波，刘秀英. 采动岩体裂隙分形特征的实验研究[J]. 矿山压力与顶板管理，2004，21（1）：94-95，98.

[75] 王志国，周宏伟，谢和平. 深部开采上覆岩层采动裂隙网络演化的分形特征研究[J]. 岩

土力学, 2009, 30 (8): 2403-2408.

[76] 王金安, 冯锦艳, 蔡美峰. 急倾斜煤层开采覆岩裂隙演化与渗流的分形研究[J]. 煤炭学报, 2008, 33 (2): 162-165.

[77] 谢和平, 陈忠辉, 王家臣. 放顶煤开采巷道裂隙的分形研究[J]. 煤炭学报, 1998, 23 (3): 252-257.

[78] 鄯进海, 康天合, 靳钟铭, 等. 巨厚薄层状顶板回采巷道围岩裂隙演化规律的相似模拟试验研究[J]. 岩石力学与工程学报, 2004, 23 (19): 3292-3297.

[79] HIRATA T, SATOH T, ITO K. Fractal structure of spatial distribution of microfracturing in rock[J]. International Journal of Rock Mechanics and Mining Sciences & Geomechanics Abstracts, 1987, 90 (2): 369-374.

[80] 雷兴林, 马瑾, 楠瀬勤一郎, 等. 三轴压缩下粗晶花岗闪长岩声发射三维分布及其分形特征[J]. 地震地质, 1991, 13 (2): 97-114.

[81] 刘力强, 马胜利, 马瑾, 等. 三轴压缩下不同构造花岗岩的微破裂时空分布特征及其地震学意义[J]. 科学通报, 1999, 44 (11): 1194-1198.

[82] 裴建良, 刘建锋, 张茹, 等. 单轴压缩条件下花岗岩声发射事件空间分布的分维特征研究[J]. 四川大学学报 (工程科学版), 2010, 42 (6): 51-55.

[83] XIE H P, LIU J F, JU Y, et al. Fractal property of spatial distribution of acoustic emissions during the failure process of bedded rock salt[J]. International Journal of Rock Mechanics and Mining Sciences, 2011, 48 (8): 1344-1351.

[84] ZHANG R, DAI F, GAO M Z, et al. Fractal analysis of acoustic emission during uniaxial and triaxial loading of rock[J]. International Journal of Rock Mechanics and Mining Sciences, 2015, 79 (10): 241-249.

[85] 李晶岩, 付丽. 边坡稳定性分析方法[J]. 山西建筑, 2011, 37 (4): 65-67.

[86] ATAEI M, BODAGHABADI S. Comprehensive analysis of slope stability and determination of stable slopes in the Chador-Malu iron ore mine using numerical and limit equilibrium methods [J]. Journal of China University of Mining and Technology, 2008, 18 (4): 488-493.

[87] ALKASAWNEH W, HUSEIN MALKAWI A I, NUSAIRAT J H, et al. A comparative study of various commercially available programs in slope stability analysis[J]. Computers and Geotechnics, 2008, 35 (3): 428-435.

[88] MALKAWI A I H, HASSAN W F, SARMA S K. Global Search Method for Locating General Slip Surface Using Monte Carlo Techniques[J]. Journal of Geotechnical and Geoenvironmental Engineering, 2001, 127 (8): 688-698.

[89] MCCOMBIE P F. Displacement based multiple wedge slope stability analysis[J]. Computers and Geotechnics, 2009, 36 (1-2): 332-341.

[90] 刘立鹏, 姚磊华, 陈洁, 等. 基于 Hoek-Brown 准则的岩质边坡稳定性分析[J]. 岩石力学与工程学报, 2010, 29 (S1): 2879-2886.

[91] 宋义亮, 罗延婷, 井培登, 等. 赤平极射投影法在岩质边坡稳定性分析中的应用[J]. 安全与环境工程, 2011, 18 (1): 103-105.

［92］张卉，王多垠，董志良. 基于块体理论矢量法的岩质边坡稳定性分析［J］. 黑龙江科技学院学报，2010，20（1）：35-39.

［93］姚旭龙. 基于 FLAC 的棒磨山铁矿边坡稳定性研究［D］. 唐山：河北理工大学，2008.

［94］GRIFFITHS D V，LANE P A. Slope stability analysis by finite elements［J］. Geotechnique，1999，49（3）：387-403.

［95］LEONG E C，RAHARDJO H. Two and three-dimensional slope stability reanalyses of Bukit Batok slope［J］. Computers and Geotechnics，2012，42（5）：81-88.

［96］尧红，王伟胜，赵凤岐. 利用有限元强度折减法分析岩质边坡的稳定性［J］. 山西建筑，2012，38（7）：58-60.

［97］殷德胜，汪卫明，陈胜宏. 岩质边坡开挖过程模拟的动态有限单元法［J］. 岩石力学与工程学报，2011，30（11）：2217-2224.

［98］蒋中明，熊小虎，曾铃. 基于 FLAC3D 平台的边坡非饱和降雨入渗分析［J］. 岩土力学，2014，35（3）：855-861.

［99］谢振华，贾志云，杨栋. 露天矿边坡分层多次高压注浆机理研究及应用［J］. 工业安全与环保，2016，42（1）：61-65，95.

［100］刘天苹，李世海，刘晓宇. 节理化岩质边坡随机结构面有限元和离散元耦合计算方法研究［J］. 岩石力学与工程学报，2014，33（S1）：3114-3122.

［101］孔不凡，阮怀宁，朱珍德，等. 边坡稳定的离散元强度折减法分析［J］. 人民黄河，2013，35（4）：120-123.

［102］赵川，付成华，邹海明，等. 基于离散单元法的三维滑坡过程数值模拟分析［J］. 人民珠江，2015（2）：12-15.

［103］王思长，折学森，李毅，等. 基于尖点突变理论的岩质边坡稳定性分析［J］. 交通运输工程学报，2010，10（3）：23-27.

［104］张宏涛，赵宇飞，李晨峰，等. 基于多项式混沌展开的边坡稳定可靠性分析［J］. 岩土工程学报，2010，32（8）：1253-1259.

［105］蒋水华，李典庆，黎学优，等. 锦屏一级水电站左岸坝肩边坡施工期高效三维可靠度分析［J］. 岩石力学与工程学报，2015，34（2）：349-361.

［106］SAMUI P，KOTHARI D P. Utilization of a least square support vector machine（LSSVM）for slope stability analysis［J］. Scientia Iranica，2011，18（1）：53-58.

［107］TRAN C，SROKOSZ P. The idea of PGA stream computations for soil slope stability evaluation［J］. Comptes Rendus Mecanique，2010，338（9）：499-509.

［108］PANTELIDIS L. Rock slope stability assessment through rock mass classification systems［J］. International Journal of Rock Mechanics and Mining Sciences，2009，46（2）：315-325.

［109］LI W X，QI D L，ZHENG S F，et al. Fuzzy mathematics model and its numerical method of stability analysis on rock slope of opencast metal mine［J］. Applied Mathematical Modelling，2015，39（7）：1784-1793.

［110］WANG Y J，ZHANG W H，ZHANG C H，et al. Fuzzy stochastic damage mechanics（FSDM）based on fuzzy auto-adaptive control theory［J］. Water Science and Engineering，

2012, 5（2）：230-242.

［111］XU N W, TANG C A, LI L C, et al. Microseismic monitoring and stability analysis of the left bank slope in Jinping first stage hydropower station in southwestern China［J］. International Journal of Rock Mechanics and Mining Sciences, 2011, 48（6）：950-963.

［112］隋智力，李振，李照广，等. 基于现场声发射监测井下爆破对于露天边坡稳定性影响分析［J］. 黄金, 2015, 36（1）：36-39.

［113］易武，孟召平. 岩质边坡声发射特征及失稳预报判据研究［J］. 岩土力学, 2007, 28（12）：2529-2533, 2538.

［114］FIRPO G, SALVINI R, FRANCIONI M, et al. Use of digital terrestrial photogrammetry in rocky slope stability analysis by distinct elements numerical methods［J］. International Journal of Rock Mechanics and Mining Sciences, 2011, 48（7）：1045-1054.

［115］王秀美，贺跃光，曾卓乔. 数字化近景摄影测量系统在滑坡监测中的应用［J］. 测绘通报, 2002（2）：28-30.

［116］史彦新，张青，孟宪玮. 分布式光纤传感技术在滑坡监测中的应用［J］. 吉林大学学报（地球科学版）, 2008, 38（5）：820-824.

［117］孟令超，陈华杰，刘玲霞，等. 基于 GIS 的南水北调西线工程达曲库区边坡稳定性研究［J］. 南水北调与水利科技, 2009, 7（5）：11-14.

［118］杨天鸿，甘德清，李凤柱，等.《研山铁矿东部第四系和风化带边坡稳定性研究及防治措施制定》总结报告［R］. 东北大学, 河北联合大学等, 2013.

［119］王志国，王梅，李跃龙. 基于声发射定位的单轴受压帷幕体裂隙演化分析［J］. 金属矿山, 2016（2）：36-41.

［120］王志国，李跃龙，王梅. 基于声发射定位的三轴受压帷幕体裂隙演化规律研究［C］//第二届岩石/桥梁行业声发射技术应用高端研讨会, 2015.

［121］李术才，许新骥，刘征宇，等. 单轴压缩条件下砂岩破坏全过程电阻率与声发射响应特征及损伤演化［J］. 岩石力学与工程学报, 2014, 33（1）：14-23.

［122］刘保县，黄敬林，王泽云，等. 单轴压缩煤岩损伤演化及声发射特性研究［J］. 岩石力学与工程学报, 2009, 28（S1）：3234-3238.

［123］姜德义，陈结，任松，等. 盐岩单轴应变率效应与声发射特征试验研究［J］. 岩石力学与工程学报, 2012, 31（2）：326-336.

［124］陈宇龙，魏作安，许江，等. 单轴压缩条件下岩石声发射特性的实验研究［J］. 煤炭学报, 2011, 36（S2）：237-240.

［125］姚强岭，李学华，何利辉，等. 单轴压缩下含水砂岩强度损伤及声发射特征［J］. 采矿与安全工程学报, 2013, 30（5）：717-722.

［126］唐书恒，颜志丰，朱宝存，等. 饱和含水煤岩单轴压缩条件下的声发射特征［J］. 煤炭学报, 2010, 35（1）：37-41.

［127］张朝鹏，张茹，张泽天，等. 单轴受压煤岩声发射特征的层理效应试验研究［J］. 岩石力学与工程学报, 2015, 34（4）：770-778.

［128］刘建坡，徐世达，李元辉，等. 预制孔岩石破坏过程中的声发射时空演化特征研究［J］.

岩石力学与工程学报, 2012, 31 (12): 2538-2547.

[129] 李浩然, 杨春和, 陈锋, 等. 岩石声波-声发射一体化测试装置的研制与应用[J]. 岩土力学, 2016, 37 (1): 287-296.

[130] 陈亮, 刘建锋, 王春萍, 等. 北山深部花岗岩不同应力状态下声发射特征研究[J]. 岩石力学与工程学报, 2012, 31 (S2): 3618-3624.

[131] 邓明德, 耿乃光, 崔承禹, 等. 岩石红外辐射温度随岩石应力变化的规律和特征以及与声发射率的关系[J]. 西北地震学报, 1995, 17 (4): 79-86.

[132] 刘善军, 吴立新, 张艳博. 岩石破裂前红外热像的时空演化特征[J]. 东北大学学报 (自然科学版), 2009, 30 (7): 1034-1038.

[133] 刘善军, 魏嘉磊, 黄建伟, 等. 岩石加载过程中红外辐射温度场演化的定量分析方法 [J]. 岩石力学与工程学报, 2015, 34 (S1): 2968-2976.

[134] 谭志宏, 唐春安, 朱万成, 等. 含缺陷花岗岩破坏过程中的红外热像试验研究[J]. 岩石力学与工程学报, 2005, 24 (16): 2977-2981.

[135] 来兴平, 孙欢, 单鹏飞, 等. 急倾斜坚硬岩柱动态破裂"声-热"演化特征试验[J]. 岩石力学与工程学报, 2015, 34 (11): 2285-2292.

[136] 杨桢, 齐庆杰, 叶丹丹, 等. 复合煤岩受载破裂内部红外辐射温度变化规律[J]. 煤炭学报, 2016, 41 (3): 618-624.

[137] 艾婷, 张茹, 刘建锋, 等. 三轴压缩煤岩破裂过程中声发射时空演化规律[J]. 煤炭学报, 2011, 36 (12): 2048-2057.

[138] 赵星光, 马利科, 苏锐, 等. 北山深部花岗岩在压缩条件下的破裂演化与强度特性[J]. 岩石力学与工程学报, 2014, 33 (S2): 3665-3675.

[139] 李霞颖, 雷兴林, 李琦, 等. 油气田典型岩石三轴压缩变形破坏与声发射活动特征——四川盆地震旦系白云岩及页岩的破坏过程[J]. 地球物理学报, 2015, 58 (3): 982-992.

[140] 何俊, 潘结南, 王安虎. 三轴循环加卸载作用下煤样的声发射特征[J]. 煤炭学报, 2014, 39 (1): 84-90.

[141] 孙中秋, 谢凌志, 刘建锋, 等. 基于逾渗模型的盐岩损伤与破坏研究[J]. 岩土力学, 2014, 35 (2): 441-448.

[142] 夏冬, 杨天鸿, 常宏. 含水煤岩损伤破坏过程中声发射特征的研究[J]. 金属矿山, 2014 (6): 1-9.

[143] 雷兴林, 西泽修, 楠濑勤一郎, 等. 两种不同粒度花岗岩中的声发射的震源分布分形结构和震源机制解[J]. 世界地震译丛, 1994 (5): 66-74.

[144] 李元辉, 刘建坡, 赵兴东, 等. 岩石破裂过程中的声发射 b 值及分形特征研究[J]. 岩土力学, 2009, 30 (9): 2559-2563, 2574.

[145] 姜永东, 鲜学福, 尹光志, 等. 岩石应力应变全过程的声发射及分形与混沌特征[J]. 岩土力学, 2010, 31 (8): 2413-2418.

[146] 李庶林, 林朝阳, 毛建喜, 等. 单轴多级循环加载岩石声发射分形特性试验研究[J]. 工程力学, 2015, 32 (9): 92-99.

[147] 高保彬, 李回贵, 于水军, 等. 三轴压缩下煤样的声发射及分形特征研究[J]. 力学与实践, 2013, 35 (6): 49-54, 64.

[148] 谢勇, 何文, 朱志成, 等. 单轴压缩下充填体声发射特性及损伤演化研究[J]. 应用力学学报, 2015, 32 (4): 670-676, 710.

[149] 刘建峰. 层状岩盐基本力学特性及损伤演化研究[D]. 成都: 四川大学, 2008.

[150] 彭成斌, 陈颙. 地震中的分形结构[J]. 中国地震, 1989, 5 (2): 19-26.

[151] 谭云亮, 杨永杰. 煤矿顶板失稳冒落分形预报的可能性研究[J]. 岩石力学与工程学报, 1996, 15 (1): 90-95.

[152] 尹贤刚, 李庶林, 唐海燕, 等. 岩石破坏声发射平静期及其分形特征研究[J]. 岩石力学与工程学报, 2009, 28 (S2): 3383-3390.

[153] 徐世烺. 混凝土断裂力学[M]. 北京: 科学出版社, 2011.

[154] 秦四清. 初论岩体失稳过程中耗散结构的形成机制[J]. 岩石力学与工程学报, 2000, 19 (3): 265-269.

[155] 赵文. 岩石力学[M]. 长沙: 中南大学出版社, 2010.

[156] 包永兴. 边坡稳定性分析中主要影响因素的判别[J]. 四川水利, 1998, 19 (3): 49-52.

[157] 王静. 地下水对边坡稳定性的影响分析[J]. 陕西建筑, 2011 (10): 42-44.

[158] 戚国庆, 黄润秋, 速宝玉, 等. 岩质边坡降雨入渗过程的数值模拟[J]. 岩石力学与工程学报, 2003, 22 (4): 625-629.

[159] 胡云进, 速宝玉, 周维垣. 有地表入渗的岩坡稳定性分析[J]. 岩石力学与工程学报, 2003, 22 (7): 1112-1116.

[160] 汪益敏, 陈页开, 韩大建, 等. 降雨入渗对边坡稳定影响的实例分析[J]. 岩石力学与工程学报, 2004, 23 (6): 920-924.

[161] 严志伟. 水位升降对路基边坡稳定性影响的理论与试验研究[D]. 长沙: 长沙理工大学, 2012.

[162] 黄涛, 罗喜元, 邬强, 等. 地表水入渗环境下边坡稳定性的模型试验研究[J]. 岩石力学与工程学报, 2004, 23 (16): 2671-2675.

[163] 刘琳. 研山铁矿高富水特厚冲积层边坡稳定性研究[D]. 唐山: 河北联合大学, 2014.

[164] 王志国, 郭君, 甘德清. 铁矿地下开采对铁路路基稳定性的影响分析[J]. 金属矿山, 2007, (11): 35-37, 47.

[165] 王志国. FLAC 在宽城建龙铁矿边坡稳定性分析中的应用[C]//2006 年全国金属矿山地质与测量学术研讨与技术交流会论文集, 2006.

[166] 宁连广. 研山铁矿东帮帷幕注浆堵水技术与效果分析[D]. 唐山: 河北联合大学, 2014.